岩体力学
试验指导

刘 伟 主编　　汪权明 副主编

化学工业出版社
·北京·

内容简介

《岩体力学试验指导》系统介绍了岩体力学试验的目的、方法、步骤及成果整理方法，主要包括岩石的含水率试验、岩石的颗粒密度试验、岩石的块体密度试验、岩石的吸水性试验、岩石的单轴抗压强度试验、岩石的抗拉强度试验、岩石的直剪试验、岩石的点荷载试验、岩石的三轴压缩强度试验、岩块声波速度测试试验、岩体变形试验（承压板法）、岩体结构面直剪试验、水压致裂法测试、岩体声波速度测试。为了适合读者自学，本书以工程实例导入，试验步骤以思维导图展示，同时还设置了随文思考题和探索性思考题，可扫二维码互动交流。可扫二维码下载本书试验记录表格，也可观看试验视频。

《岩体力学试验指导》可作为高等学校土木工程、工程力学、交通工程、水利水电工程、岩土工程、地质工程等相关专业教学用书，亦可供从事岩土工程勘察、设计和试验的技术人员参考。

图书在版编目（CIP）数据

岩体力学试验指导/刘伟主编. —北京：化学工业出版社，2020.8

普通高等教育"十三五"规划教材

ISBN 978-7-122-37577-3

Ⅰ.①岩…　Ⅱ.①刘…　Ⅲ.①岩石力学-实验-高等学校-教材　Ⅳ.①TU45-33

中国版本图书馆 CIP 数据核字（2020）第 155761 号

责任编辑：刘丽菲　　　　　　　　　　　装帧设计：关　飞
责任校对：王佳伟

出版发行：化学工业出版社（北京市东城区青年湖南街 13 号　邮政编码 100011）
印　　装：涿州市殷润文化传播有限公司
787mm×1092mm　1/16　印张 7¾　字数 196 千字　2020 年 8 月北京第 1 版第 1 次印刷

购书咨询：010-64518888　　　　　　　　　售后服务：010-64518899
网　　址：http://www.cip.com.cn
凡购买本书，如有缺损质量问题，本社销售中心负责调换。

定　　价：29.80 元

《岩体力学试验指导》编写人员

主　编：刘　伟

副主编：汪权明

参　编：刘　伟　汪权明　邱　燕　白朝益

在现今时代背景下，教育部积极推进"新工科"建设，先后形成了"复旦共识""天大行动"和"北京指南"等，全力探索形成领跑全球工程教育的中国模式、中国经验，助力高等教育强国建设。

传统工科专业进行改造升级是"新工科"建设的重要内容，构建以项目为链条的模块化课程体系，深入推进工程实践（技术、实验室）创新中心建设是"新工科"建设的重要要求，成果导向、产学结合、重实践教学是"新工科"教育的显著特色。 为了积极响应"新工科"建设要求，编者以工程案例为切入点，从学生主体认知特点出发，积极探索适合"新工科"教学的岩体力学试验教材。

《岩体力学试验指导》是普通高等学校本科地质工程、水利工程、土木工程、采矿工程、石油工程等工程类专业的岩体力学试验教学用书。 岩体力学试验是一门生产性试验，对学生的试验操作能力要求较高。 同时，岩体力学试验是一门重要的专业基础试验课，在人才培养方案中具有重要地位。

岩体力学试验的教学中往往存在：①试验教学与工程应用脱节，学生对试验的目的了解不足，学习兴趣不高；②岩体力学试验过程复杂，步骤繁多，导致学生在学习的过程中容易漏掉或混淆某些试验步骤；③学生对试验中某些步骤为什么这样做理解不到位，容易出现操作错误等问题。

针对以上问题及"新工科"教学需求，本教材编写过程中，采用如下方法进行改进。

一、工程案例导读

本教材中的所有试验均精选典型的相关工程案例引入，在实例中展示该试验结果的典型应用。 通过对案例的分析，加强学生对试验目的的理解，提高学生的学习兴趣，激发学生的知识应用能力。

二、思维导图梳理

针对岩体力学试验过程复杂的特点，本教材为每一个试验步骤增加小标题，方便学生记忆和梳理。 同时，根据程序式知识的习得特点，引入思维导图，让试验过程一目了然。

三、注意事项（试验要点）详解

在注意事项（试验要点）中，除了提示试验中容易错误的地方，更点明该试验的要点，详叙了如此操作的缘由，使学生知其然，亦知其所以然。

四、思考题引入

试验操作步骤前设有思考题，让学生带着问题做试验，更能理解每一试验步骤；同时在每一个试验后面都设有探索性思考题，方便学生复习与巩固。

为了使试验教学与工程实践相结合，符合时代的需求，本教材根据《工程岩体试验方法标准》（GB/T 50266—2013）编写。本书思考题可扫二维码互动交流，试验表格和试验视频亦可扫二维码获取。

本教材第 1、3~14 章及附录由刘伟老师编写，第 2 章由汪权明老师编写，邱燕老师和白朝益老师参与了案例的修订和图片的收集工作，全书由刘伟老师统稿。在本教材的编写过程中，唐勇老师审阅了本教材，并提出了宝贵意见。本书在编写过程中引用和参考了有关规范规程、教材、论文等的有关内容，在此表示由衷的感谢。

本书获得贵州理工学院高层次人才科研启动经费项目（编号：XJGC20190653）——废弃矿井滑坡的流-固耦合机理实验研究、贵州理工学院混合教学模式课程建设项目（编号：2018HHKC05）——岩体力学与工程实验、贵州省科技计划项目（编号：黔科合基础〔2019〕1143）——贵州山区地灾边坡多结构联合支护体系力学特性研究、全国高校黄大年式"资源勘查工程教师团队"（教师函〔2018〕1号）、贵州省级重点学科（编号：ZDXK〔2018〕001）——地质资源与地质工程、贵州省地质资源与地质工程人才基地（RCJD2018-3）、贵州省岩溶工程地质与隐伏矿产资源特色重点实验室（黔教合 KY 字〔2018〕486 号）和贵州理工学院高层次人才科研启动经费项目（编号：XJGC20190914）——岩溶地区边坡失稳机理与联合支挡体系力学特征研究的联合资助，特此感谢。

由于作者水平有限，书中难免存在错误和不妥之处，敬请读者批评指正。

编　者
2020 年 6 月

在现今时代背景下，技术自主、科技强国成为时代最强音。作为新一代的大学生，理应大力弘扬大国工匠精神，肩负起科技强国的使命。

岩体力学试验广泛应用于土木工程、采矿工程、水利工程、铁道工程、公路工程、岩土工程、地下工程、石油工程等领域。从本教材案例中，可以看到岩体力学试验结果是否准确直接影响工程的稳定性，关系工程和人民生命财产的安全。作为试验人员，必须对所测得的每一个数据负责，在试验操作中，必须慎之又慎，一丝不苟。

为确保试验顺利进行，测得的数据准确可靠，必须做到下列几点。

（1）试验前作好准备工作

① 预习试验的基本原理，确定试验方案，明确本次试验的目的、方法和步骤。

② 试验前应事先熟悉试验中所用到的仪器、设备，阅读有关仪器的使用说明。

③ 必须清楚地知道本次试验需记录的数据项目及数据处理的方法，并事前做好记录表格。

④ 检查实验室安全设施，熟悉安全应急通道，检查水电安全，涉及危险化学品的，应检查危险化学品安全。

（2）试验中严格按规程操作

① 清点试验所需设备、仪器及有关器材，如发现遗缺，应及时报告。

② 对于用电的或贵重的设备及仪器，在接线或布置后应检查合格后，才能开始试验。

③ 应有严谨的科学作风，试验时，认真细致地按照教材或规范中所要求的试验方法与步骤进行。

④ 在试验过程中，应密切观察试验现象，若发现异常现象，应及时报告与记录。

⑤ 记录下全部测量数据以及所用仪器的型号及精度、试样的尺寸、量具的量程等。

⑥ 试验记录若不符合要求的，应重做试验。

（3）试验后及时进行数据分析与处理

① 试验后应及时清理仪器，关闭电源和水龙头，杜绝安全隐患。

② 及时进行数据整理和分析，试验方案、试验数据存在问题的，应及时调整试验方案，重新进行试验，严禁私自篡改试验数据。

目 录

岩石的含水率试验

岩石含水率是岩石在105～110℃温度下烘至恒量时所失去的水的质量与岩石固体颗粒质量的比值，以百分数表示。

📖 工程案例

在西南地区常出现"旱涝急转"的特殊天气状况，使岩土体从干旱状态迅速进入饱水状态，不同初始含水率下突遇强降雨的地质体强度对岩土稳定性有较大影响。

四川省中江县垮梁子典型滑坡附近的人工开挖边坡的坡体为紫红色泥质粉砂岩。其主要矿物成分为石英（37.52%）、方解石（21.70%）、斜长石（13.42%）、伊利石（19.25%）和蒙脱石（8.12%）。其天然密度为2.32g/cm³，天然含水率为6.88%，天然单轴抗压强度为2.73MPa。

冯泽涛等通过烘箱设置35℃烘干温度，分别烘干至6.88%、5.89%、4.90%、3.91%、2.92%和1.44%的初始含水率，以模拟自然中泥质粉砂岩在不同温度下达到不同初始含水率的干旱；冷却至室温，模拟自然中降雨前的降温过程；然后，通过室内饱水浸泡试验浸泡7d，模拟自然中的强降雨。然后对不同初始含水率下泥质粉砂岩的饱水浸泡试样进行单轴压缩试验和弹性纵波波速测试。试验结果如表1.1。

表1.1　不同初始含水率的岩石饱水浸泡后试样的强度及波速试验结果

初始含水率 /%	饱水浸泡7d后含水率/%	弹性纵波波速 /(m·s⁻¹)	单轴抗压强度 /MPa	强度衰减幅度1 /%	强度衰减幅度2 /%
6.88	7.98	2692.46	1.76	0	35.53
5.89	7.98	2481.43	2.25	−27.84	17.58
4.90	7.98	2355.81	2.52	−43.18	7.69
3.91	7.98	2226.92	2.56	−45.45	6.23
2.92	7.98	2087.28	1.60	9.09	41.39
1.44	7.98	1787.08	0.67	61.93	75.46

其中，强度衰减幅度1为相对于天然试样饱水浸泡7d强度的衰减幅度；强度衰减幅度2为相对于天然强度的衰减幅度。

可见，初始含水率不同的紫红色泥质粉砂岩饱水浸泡后单轴抗压强度先小幅增加后大幅降低。假设该人工开挖边坡在取样1d后经历了一场长达7d的强降雨，仍保持稳定；若经历一场干旱天气后，边坡坡体的紫红色泥质粉砂岩含水率降低至3.91%。

📖 试验目的

岩石的含水率是表示岩石含水程度（湿度）的一个重要物理指标，它对岩石的工程性质有极大的影响，如对岩石的抗剪强度及岩石的单轴抗压强度等。一般情况下，同一类岩石，当其含水率增大时，其强度就降低。测定岩石的含水率，了解岩石的含水状况，是计算岩石的吸水性及其他物理力学指标不可缺少的一个基本指标。

📖 试验方法

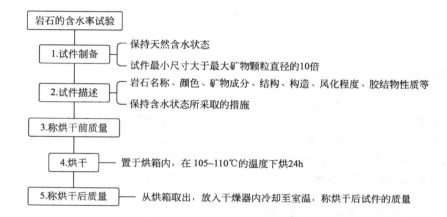

📖 适用范围

① 岩石含水率试验，主要用于测定岩石的天然含水状态或试件在试验前后的含水状态。

② 对于含有结晶水易逸出矿物的岩石，在未取得充分论证前，一般采用烘干温度为 55～65℃，或在常温下采用真空抽气干燥方法。

📖 试验要求

① 称量应准确至 0.01g。

② 结构面充填物的含水状态将影响其物理力学性质，应进行含水率测试。

③ 在地下水丰富的地区，无法采用干钻法，可以采用湿钻法。

📖 注意事项

（1）代表性试样的选取

采用具有代表性岩样，岩石保持天然含水状态，并尽量减少扰动。

（2）试样烘干过程

烘干过程中注意不得将可燃物，如纸质标签等放入烘箱；岩样放入烘箱前，铝盒盒盖打开放于铝盒下，以便于水分蒸发；烘干时间应满足要求。

（3）岩样的冷却

岩样拿出时，应盖上铝盒，并放在干燥器中冷却，防止冷却过程中岩石吸取空气中水分。

1.1 试验原理

各类岩石含水率试验均采用烘干法。烘干法是根据将试件放入温度能保持在 105～110℃电热烘干箱中加热后水分蒸发的原理，将试件烘至恒重，并通过烘干前后试件的质量之差求得水分的含量，进而计算含水率。

1.2 试件制备

① 保持天然含水率的试样应在现场采取，不得采用爆破法。试样在采取、运输、储存和制备试件过程中，应保持天然含水状态。其他试验需测含水率时，可采用试验完成后的试件制备。

② 试件最小尺寸应大于组成岩石最大矿物颗粒直径的 10 倍，每个试件的质量为 40～200g，每组试验试件的数量应为 5 个。

③ 测定结构面充填物含水率时，应符合现行国家标准《土工试验方法标准》（GB/T 50123）的有关规定。

1.3 试件描述

① 岩石名称、颜色、矿物成分、结构、构造、风化程度、胶结物性质等。

② 为保持含水状态所采取的措施。

1.4 仪器设备

① 烘箱：采用电热烘箱或温度能保持 105～110℃的其他能源烘箱；

② 电子天平：称量 200g，分度值 0.01g；

③ 电子台秤（图 1.1）：称量 5000g，分度值 1g；

④ 其他：干燥器、称量盒（图 1.2）。

图 1.1　电子台秤

图 1.2　铝盒（称量盒）

1.5　操作步骤

★【思考】试件从烘箱中取出后，为什么要放入干燥器内冷却？

（1）称烘干前质量

应称试件烘干前的质量。

（2）烘干

应将试件置于烘箱内，在 $105\sim110℃$ 的温度下烘 24h。

（3）称烘干后质量

将试件从烘箱中取出，放入干燥器内冷却至室温，应称烘干后试件的质量（称量应精确至 0.01g）。

1.6　试验成果整理

（1）岩石含水率

按下式计算，计算值应精确至 0.01。

$$\omega = \frac{m_{\mathrm{w}}}{m_{\mathrm{s}}} \times 100 = \left(\frac{m_0}{m_{\mathrm{s}}} - 1\right) \times 100$$

式中　ω——岩石含水率，%；

m_0——烘干前的试件质量，g；

m_{s}——烘干后的试件质量，g；

m_{w}——岩石中水的质量，g。

（2）岩石含水率试验记录（表1.2）

应包括工程名称、试件编号、试件描述、试件烘干前后的质量。

表1.2　岩石的含水率试验记录表

工程名称			试验者	
取样位置			计算者	
试验日期			校核者	
天平编号			烘箱编号	
试件描述	岩石名称			
	颜色			
	矿物成分			
	结构			
	构造			
	风化程度			
	胶结物性质			
保持含水状态所采取的措施				
试件编号				
盒号				
铝盒质量/g				
烘干前盒与试件质量/g				
烘干前的试件质量 m_0/g				
烘干后盒与试件质量/g				
烘干后的试件质量 m_s/g				
岩石中水的质量 $m_w = m_0 - m_s$/g				
岩石含水率 $\omega = \dfrac{m_w}{m_s}$/%				
岩石平均含水率 ω/%				

2 岩石的颗粒密度试验

岩石颗粒密度是岩石在 105～110℃温度下烘至恒量时岩石固相颗粒质量与其体积的比值。

 工程案例

粉砂质泥岩是一种集中分布于我国湖南、广东等地及贵州地区的膨胀性软岩，具有失水易收缩开裂、遇水膨胀软化的特征。不同孔隙率的粉砂质泥岩的物理力学性质差异巨大。

陈镜丞分别采集湖南长沙市岳麓山中泥盆统棋梓桥组自然强风化边坡、长-浏金阳大道途经的浏阳市洞阳镇中泥盆统戴家坪组及蕉溪乡中泥盆统石牛栏组的人工开挖强风化粉砂质泥岩边坡的粉砂质泥岩，制作成 $\Phi50mm\times50mm$ 粉砂质泥岩圆柱体试样，进行了块体密度试验，测得其岩石块体干密度分别为 $2.23g/cm^3$、$1.76g/cm^3$ 和 $1.54g/cm^3$；然后将测量过块体密度的粉砂质泥试样分别用钢锤捣碎成小块，然后放入瓷研钵中反复研磨成粉，并将岩粉过 0.315mm 的筛，所得岩粉按原试样编号后，以煤油作试液采用比重瓶法测定岩石颗粒密度分别为 $2.74g/cm^3$、$2.75g/cm^3$ 和 $2.74g/cm^3$；岩石的总孔隙率计算如下：

$$n=\left(1-\frac{\rho_\mathrm{d}}{\rho_\mathrm{s}}\right)\times100 \tag{2.1}$$

其中，ρ_s——岩石颗粒密度，g/cm^3；

ρ_d——岩石块体干密度，g/cm^3；

n——岩石的总孔隙率，%。

> **?** 请分别计算三个样品的总孔隙率，并思考岩石颗粒密度与什么有关？为什么三个样品的块体干密度相差较大，而岩石颗粒密度却几乎一致？

 试验目的

岩石的颗粒密度试验目的是测定岩石颗粒密度，岩石的颗粒密度是岩石的基本物理性质指标之一，是选择建筑材料、研究岩石风化、评价地基基础工程岩体稳定性及确定围岩压力等所必需的计算指标。

岩石颗粒密度试验应采用比重瓶法或水中称量法。水中称量法可在第4章岩石的吸水性试验中进行测试。本章仅对比重瓶法进行讲解。比重瓶法的试验方法如下：

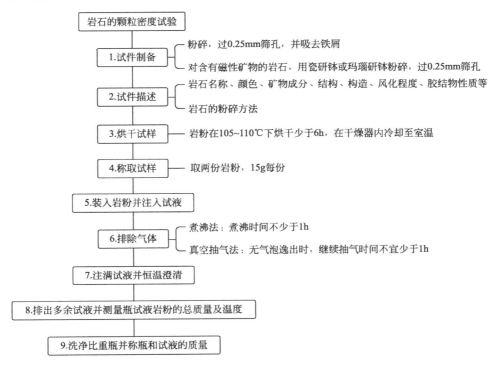

📖 适用范围

岩石颗粒密度试验应采用比重瓶法或水中称量法。各类岩石均可采用比重瓶法。

由于水不可能完全充满岩石中的闭合裂隙，致使水中称量法测定的颗粒密度略偏小，对精度要求不高的情况可以采用水中称量法；对于含较多封闭孔隙的岩石，仍需采用比重瓶法。

📖 试验要求

称量应准确至 0.001g，温度应准确至 0.5℃。

📖 注意事项（试验要点）

① 试验方法的选择。岩石颗粒密度的测定，常采用水中称量法和密度瓶法。水中称量法可用不规则试件，操作简便，但由于水不可能完全充满岩石中的闭合裂隙，致使水中称量法测定的颗粒密度略偏小。当岩石中含有可溶盐、亲水性胶体物质或有机质时，应换用中性液体（如煤油）并采用真空抽气法排气试验。

② 为保证称量的准确，装试样前比重瓶应烘干后称量，试样烘干后应在干燥器内冷却至室温后称量，称量瓶加水加岩粉的质量时应将比重瓶擦干再称量。

③ 排气时应注意控制煮沸温度，不要使悬液溅出瓶外。采用抽真空法排气时应不时晃动瓶身，使气泡尽快排出。

④ 在纯水（或抽气后的中性液体）注入装有试样比重瓶的过程中，不要使悬液溢出。

2.1　试验原理

　　岩石颗粒密度试验采用比重瓶法或水中称量法。各类岩石均可采用比重瓶法，水中称量法按第 4 章岩石的吸水性试验方法进行。

　　比重瓶法测定岩石颗粒密度是利用排水法通过比重瓶测定一定质量岩石颗粒的体积，从而计算出岩石颗粒密度。其中，岩石颗粒的体积是通过测定岩石颗粒的质量、比重瓶加水的质量、比重瓶加水加岩石颗粒的质量计算得到。

2.2　试件制备

　　① 应将岩石用粉碎机粉碎成岩粉，使之全部通过 0.25mm 筛孔，并应用磁铁吸去铁屑。
　　② 对含有磁性矿物的岩石，采用瓷研钵或玛瑙研钵粉碎，使之全部通过 0.25mm 筛孔。

2.3　试件描述

　　① 岩石粉碎前的名称、颜色、矿物成分、结构、构造、风化程度、胶结物性质等。
　　② 岩石的粉碎方法。

2.4　仪器设备

　　① 粉碎机、瓷研钵或玛瑙研钵、磁铁块和孔径为 0.25mm 的筛。
　　② 天平。
　　③ 烘箱和干燥器。
　　④ 煮沸设备（图 2.1）和真空抽气设备（图 2.2）。
　　⑤ 恒温水槽（图 2.3）。
　　⑥ 短颈比重瓶（图 2.4）：容积 100mL。
　　⑦ 温度计：量程 0～50℃，最小分度值 0.5℃。

图 2.1　煮沸设备——砂浴

图 2.2　真空抽气设备

图 2.3　恒温水槽

图 2.4　比重瓶

2.5　操作步骤

★【思考】在试件制备和操作步骤中，采用了哪些方法使岩石孔隙中的气体完全排出？岩石颗粒的体积是怎样推算出的？

（1）烘干试样

应将制备好的岩粉置于 105～110℃ 温度下烘干，烘干时间不应少于 6h，然后放入干燥器内冷却至室温。

（2）称取试样

应用四分法取两份岩粉，每份岩粉质量应为 15g，称量应精确至 0.001g。

（3）装入岩粉并注入试液

应将岩粉装入烘干的比重瓶内，注入试液（蒸馏水或煤油）至比重瓶容积的一半处。对含水溶性矿物的岩石，使用煤油作试液。

（4）排除气体

当使用蒸馏水作试液时，可采用煮沸法或真空抽气法排除气体。当使用煤油作试液时，采用真空抽气法排除气体。

① 煮沸法：当采用煮沸法排除气体时，在加热沸腾后煮沸时间不应少于1h。

② 真空抽气法：当采用真空抽气法排除气体时，真空压力表读数宜为当地大气压。抽气至无气泡逸出时，继续抽气时间不宜少于1h。

（5）注满试液并恒温澄清

应将经过排除气体的试液注入比重瓶至近满，然后置于恒温水槽内，应使瓶内温度保持恒定并待上部悬液澄清。

（6）排出多余试液并测量瓶试液岩粉的总质量及温度

应塞上瓶塞，使多余试液自瓶塞毛细孔中溢出，将瓶外擦干，应称瓶、试液和岩粉的总质量，称量精确至0.001g，并应测定瓶内试液的温度，温度准确至0.5℃。

（7）洗净比重瓶并称瓶和试液的质量

应洗净比重瓶，注入经排除气体并与试验同温度的试液至比重瓶内，按本试验（5）、（6）步骤称瓶和试液的质量，称量准确至0.001g，温度准确至0.5℃。

2.6 试验成果整理

（1）岩石颗粒密度

按下式计算：

$$\rho_s = \frac{m_s}{m_1 + m_s - m_2} \rho_{WT} \tag{2.2}$$

式中　ρ_s——岩石颗粒密度，g/cm³；

m_s——烘干岩粉质量，g；

m_1——瓶、试液总质量，g；

m_2——瓶、试液、岩粉总质量，g；

ρ_{WT}——与试验温度同温度的试液密度，g/cm³。

（2）计算值的精确

计算值应精确至0.01。

（3）平行测定及取值

颗粒密度试验应进行两次平行测定，两次测定的差值不应大于0.02，颗粒密度应取两次测值的平均值。

（4）岩石颗粒密度试验记录（表2.1）

包括工程名称、试件编号、试件描述、比重瓶编号、试液温度、试液密度、干岩粉质量、瓶和试液总质量，以及瓶、试液和岩粉总质量。

表 2.1　岩石的颗粒密度试验记录表

工程名称			试验者	
取样位置			计算者	
试验日期			校核者	
天平编号			烘箱编号	
粉碎前试样描述	岩石名称				
	颜色				
	矿物成分				
	结构				
	构造				
	风化程度				
	胶结物性质				
粉碎方法					
试件编号					
比重瓶编号					
烘干岩粉质量 m_s/g					
瓶、试液总质量 m_1/g					
瓶、试液、岩粉总质量 m_2/g					
排开试液质量 $(m_1+m_s-m_2)$/g					
温度 t/℃					
试液的密度 ρ_{wT}/(g/cm^3)					
岩石颗粒密度 ρ_s/(g/cm^3)					
颗粒密度平均值/(g/cm^3)					

探索思考题

① 岩石的颗粒密度值是由什么因素决定的？其与岩石的空隙度是否有关？

② 当岩石含有可溶盐时，若用蒸馏水测定岩石的颗粒密度，对测得的岩石颗粒密度值大小有何影响？

岩石的块体密度试验

岩石的块体密度是指岩石单位体积内的质量，按岩石试件的含水状态，又可分为干密度、饱和密度和天然密度。在未指明含水状态时一般是指岩石的天然密度。

工程案例

某建筑拟挖方边坡（图 3.1）长度为 300m，高为 10.7～25.6m，拟开挖坡面坡向 141°，坡角为 90°，坡顶无建筑物为原始地形，坡向 141°，坡度 40°。岩层产状为 140°∠54°。

图 3.1　边坡部分开挖照片

主要节理产状及其基本特征为：

① 255°∠50°，延伸长度 1.0～6.5m，张开 0.2～3.0mm，铁质浸染，线密度 1～3 条/m；

② 345°∠40°，延伸长度 0.5～6.0m，张开 0.5～2.0mm，具溶蚀痕迹，黏土充填，线密度 1～3 条/m。

根据赤平投影（图 3.2）分析，该边坡为顺向坡，岩层面（C）为主控外倾结构面，岩质边坡易沿岩层面（C）产生滑移破坏。

经测试，层面的内摩擦角为 20.0°，黏聚力为 60.0kPa。选取最不利剖面进行边坡稳定性计算。

潜在滑面穿过坡角，如图 3.3 所示。单位宽度潜在滑体体积为 163m³，穿过坡脚的潜在滑面长度为 37m。不考虑降水与地震的影响，自然工况下，平面滑动稳定性系数计算公式如下：

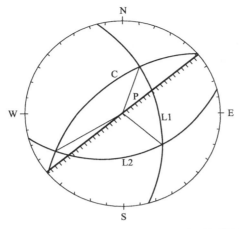

编号	结构面名称	倾向	倾角
P	坡面	141°	90°
C	岩层面	140°	54°
L1	裂隙1	255°	50°
L2	裂隙2	345°	40°

组合交棱线	倾向	倾角
P-C	51°	1°
P-L1	231°	47°
P-L2	51°	19°
C-L1	200°	34°
C-L2	59°	13°
L1-L2	310°	34°

图 3.2　赤平投影图

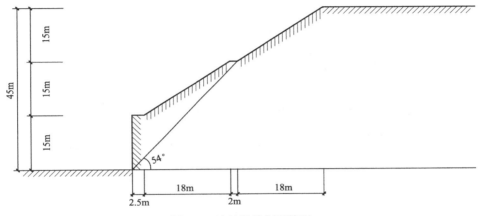

图 3.3　边坡计算剖面简图

$$F = \frac{G\cos\theta\tan\varphi + cL}{G\sin\theta} \tag{3.1}$$

式中　c——滑面的黏聚力，kPa；

φ——滑面的内摩擦角，(°)；

θ——潜在滑面倾角，(°)；

L——滑面长度，m；

G——滑体单位宽度自重，kN/m。

本例中 c 取 60kPa，φ 取 20.0°，L 取 37m，V 取 163m³，岩块天然密度为 2.71g/cm³；潜在滑面倾角 θ 为 54°。

若通过封蜡法测得天然状态下岩石岩块湿密度为 2.71g/cm³，请计算该边坡的稳定性系数。若由于测试错误，导致测得的岩石岩块湿密度产生了 10% 的误差，即测得岩石岩块天然密度为 2.50g/cm³。

请计算该边坡的稳定性系数并分析，由于岩石岩块湿密度测试误差，导致边坡的稳定性系数计算出现了多大的误差？

岩石的块体密度是一个间接反映岩石致密程度、孔隙发育程度的参数，也是评价工程岩体稳定性及确定围岩压力等必需的计算指标。

📖 试验方法

岩石块体密度试验可采用量积法、水中称量法或蜡封法。水中称量法在第 4 章讲解，本章主要讲解量积法和蜡封法。

（1）量积法试验方法

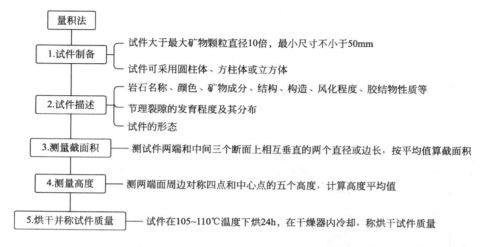

量积法
- 1.试件制备
  - 试件大于最大矿物颗粒直径10倍，最小尺寸不小于50mm
  - 试件可采用圆柱体、方柱体或立方体
- 2.试件描述
  - 岩石名称、颜色、矿物成分、结构、构造、风化程度、胶结物性质等
  - 节理裂隙的发育程度及其分布
  - 试件的形态
- 3.测量截面积
  - 测试件两端和中间三个断面上相互垂直的两个直径或边长，按平均值算截面积
- 4.测量高度
  - 测两端面周边对称四点和中心点的五个高度，计算高度平均值
- 5.烘干并称试件质量
  - 试件在105~110℃温度下烘24h，在干燥器内冷却，称烘干试件质量

（2）蜡封法试验方法

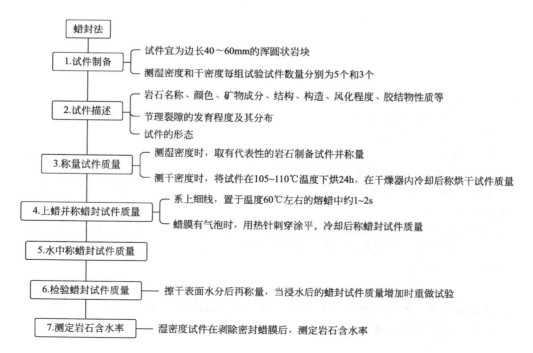

蜡封法
- 1.试件制备
  - 试件宜为边长40～60mm的浑圆状岩块
  - 测湿密度和干密度每组试验试件数量分别为5个和3个
- 2.试件描述
  - 岩石名称、颜色、矿物成分、结构、构造、风化程度、胶结物性质等
  - 节理裂隙的发育程度及其分布
  - 试件的形态
- 3.称量试件质量
  - 测湿密度时，取有代表性的岩石制备试件并称量
  - 测干密度时，将试件在105~110℃温度下烘24h，在干燥器内冷却后称烘干试件质量
- 4.上蜡并称蜡封试件质量
  - 系上细线，置于温度60℃左右的熔蜡中约1~2s
  - 蜡膜有气泡时，用热针刺穿涂平，冷却后称蜡封试件质量
- 5.水中称蜡封试件质量
- 6.检验蜡封试件质量
  - 擦干表面水分后再称量，当浸水后的蜡封试件质量增加时重做试验
- 7.测定岩石含水率
  - 湿密度试件在剥除密封蜡膜后，测定岩石含水率

📖 **适用范围**

（1）凡能制备成规则试件的各类岩石，宜采用量积法。

（2）除遇水崩解、溶解和干缩湿胀的岩石外，均可采用水中称量法。水中称量法一般用于不规则试件。

（3）不能用量积法或水中称量法进行测定的干缩湿胀类岩石，宜采用蜡封法。

📖 **试验要求**

长度量测准确至 0.02mm，称量准确至 0.01g。

📖 **注意事项（试验要点）**

（1）量积法

① 量积法一般采用单轴抗压强度试验试件，以利于建立各指标间的相互关系。

② 用量积法测定岩石密度时，对于具有干缩湿胀的岩石，试件体积量测在烘干前进行，避免试件烘干对计算密度的影响。

（2）蜡封法

① 试件表面有明显棱角或缺陷对测试成果有一定影响，因此要求试件加工成浑圆状。

② 用蜡封法时，需掌握好熔蜡温度，温度过高容易使蜡液浸入试件缝隙中；温度低了会使试件封闭不均，不易形成完整蜡膜。因此，本试验规定的熔蜡温度略高于蜡的熔点（约57℃）。

③ 选用石蜡密封试件时，由于石蜡的熔点较高，在蜡封过程中可能会引起试件含水率的变化，同时试件也会产生干缩现象，这些都将影响岩石含水率和密度测定的准确性。高分子树脂胶是在常温下使用的涂料，能确保含水量和试件体积不变，在取得经验的基础上，可以代替石蜡作为密封材料。

3.1　量积法

3.1.1　试验原理

量积法是将岩石加工成形状规则（圆柱体、方柱体或立方体）的试件，用卡尺测量试件的尺寸，求出体积并用天平称取试件的质量，进而计算岩石的块体密度的方法。

3.1.2　试件制备

① 试件尺寸大于岩石最大矿物颗粒直径的10倍，最小尺寸不宜小于50mm。

② 试件可采用圆柱体、方柱体或立方体。
③ 沿试件高度、直径或边长的误差不应大于 0.3mm。
④ 试件两端面不平行度误差不应大于 0.05mm。
⑤ 试件端面应垂直试件轴线，最大偏差不得大于 0.25°。
⑥ 方柱体或立方体试件相邻两面应互相垂直，最大偏差不得大于 0.25°。

3.1.3 试件描述

① 岩石名称、颜色、矿物成分、结构、构造、风化程度、胶结物性质等。
② 节理裂隙的发育程度及其分布。
③ 试件的形态。

3.1.4 仪器设备

① 钻石机、切石机、磨石机和砂轮机等。
② 烘箱和干燥器。
③ 天平（图3.4）。
④ 测量平台。
⑤ 游标卡尺（图3.5）。

图 3.4 天平

图 3.5 游标卡尺

3.1.5 操作步骤

★【思考】试件的体积是如何测量的？如何保证试件体积的准确？

（1）测量截面积

应量测试件两端和中间三个断面上相互垂直的两个直径或边长，应按平均值计算截面积。

（2）测量高度

应量测两端面周边对称四点和中心点的五个高度，计算高度平均值。

（3）烘干并称试件质量

应将试件置于烘箱中，在105～110℃温度下烘24h，取出放入干燥器内冷却至室温，应称烘干试件质量。长度量测应准确至0.02mm，称量应准确至0.01g。

3.1.6 试验成果整理

（1）岩石块体干密度

应按下式计算：

$$\rho = \frac{m}{AA} \tag{3.2}$$

$$\rho_d = \frac{m_s}{AH} \tag{3.3}$$

式中　ρ——岩石块体湿密度，g/cm^3；

　　　ρ_d——岩石块体干密度，g/cm^3；

　　　m——湿试件质量，g；

　　　m_s——烘干试件质量，g；

　　　A——试件截面积，cm^2；

　　　H——试件高度，cm。

（2）岩石块体湿密度换算成岩石块体干密度

应按下式计算：

$$\rho_d = \frac{\rho}{1 + 0.01\omega} \tag{3.4}$$

式中　ρ——岩石块体湿密度，g/cm^3；

　　　ω——岩石含水率，%；

　　　ρ_d——岩石的干密度，g/cm^3。

（3）计算精度

计算值精确至0.01。

（4）岩石密度试验记录（表3.1）

应包括工程名称、试件编号、试件描述、试验方法、试件质量、试件水中称量、试件尺寸、水的密度、蜡的密度。

表 3.1　岩石的块体密度试验记录表（量积法）

工程名称		试验者	
取样位置		计算者	
试验日期		校核者	
仪器名称及编号		试验方法	

岩石名称	试件编号	试件尺寸/cm				湿试件质量 m/g	烘干试件质量 m_s/g	块体湿密度 $\rho/(g/cm^3)$	块体干密度 $\rho_d/(g/cm^3)$
		长 L	宽 B	直径 D	试件高度 H				

试　件　描　述

试件编号：
岩石描述：

节理裂隙的发育程度及其分布：
试件的形态：

试件编号：
岩石描述：

节理裂隙的发育程度及其分布：
试件的形态：

试件编号：
岩石描述：

节理裂隙的发育程度及其分布：
试件的形态：

探索思考题

（1）当对具有干缩湿胀的岩石进行量积法试验时，应在烘干前还是烘干后测量岩石的体积？为什么？

（2）采用量积法测岩块密度时，哪些因素会对测试结果产生影响？

3.2　蜡封法

3.2.1　试验原理

蜡封法是将已测质量的小岩块浸入融化的石蜡中，使试件表面沾有一层蜡外壳，然后分别测量带有蜡外壳的试件在空气中和水中的质量。根据阿基米德原理，带蜡外壳的试件在空气中和水中的质量之差等于其在水中排开的相同体积水的质量，进而求出试件的体积和岩块的密度。

3.2.2 试件制备

① 试件宜为边长 40～60mm 的浑圆状岩块。
② 测湿密度每组试验试件数量为 5 个，测干密度每组试验试件数量为 3 个。

3.2.3 试件描述

与 3.1 节相同。

3.2.4 仪器设备

① 钻石机、切石机、磨石机和砂轮机等。
② 烘箱和干燥器。
③ 天平。
④ 熔蜡设备。
⑤ 水中称量装置。

3.2.5 操作步骤

★【思考】试件的体积是通过哪些测量计算的？若试验用水的杂质较多，对试验结果是否有影响？

（1）称量试件质量

测湿密度时，应取有代表性的岩石制备试件并称量；测干密度时，试件应在 105～110℃温度下烘 24h，取出放入干燥器内冷却至室温，称烘干试件质量。

（2）上蜡并称蜡封试件质量

应将试件系上细线，置于温度 60℃左右的熔蜡中约 1～2s，使试件表面均匀涂上一层蜡膜，其厚度约 1mm。当试件上蜡膜有气泡时，应用热针刺穿并用蜡液涂平，待冷却后应称蜡封试件质量。

（3）水中称蜡封试件质量

应将蜡封试件置于水中称量。

（4）检验蜡封试件质量

取出试件，应擦干表面水分后再次称量。当浸水后的蜡封试件质量增加时，应重做试验。

（5）测定岩石含水率

湿密度试件在剥除密封蜡膜后，测定岩石含水率，称量应准确至 0.01g。

3.2.6 试验成果整理

（1）采用蜡封法，岩石块体干密度和块体湿密度

分别按下列公式计算：

$$V_1 = \frac{m_1 - m_2}{\rho_w} \tag{3.5}$$

$$V_2 = \frac{m_1 - m_s}{\rho_p} \tag{3.6}$$

$$V = V_1 - V_2 \tag{3.7}$$

$$\rho = \frac{m}{V} \tag{3.8}$$

$$\rho_d = \frac{m_s}{V} \tag{3.9}$$

式中　ρ——岩石块体湿密度，g/cm^3；

ρ_d——岩石块体干密度，g/cm^3；

m——湿试件质量，g；

m_s——烘干试件质量，g；

m_1——蜡封试件质量，g；

m_2——蜡封试件在水中的称量，g；

ρ_w——水的密度，g/cm^3；

ρ_p——蜡的密度，g/cm^3；

V_1——蜡封试件体积，cm^3；

V_2——蜡体积，cm^3；

V——试件体积，cm^3。

（2）岩石块体湿密度换算成岩石块体干密度

按式（3.3）计算。

（3）计算精度

计算值精确至 0.01。

（4）岩石密度试验记录（表 3.2）

应包括工程名称、试件编号、试件描述、试验方法、试件质量、试件水中称量、试件尺寸、水的密度、蜡的密度。

表 3.2　岩石的块体密度试验记录表（蜡封法）

工程名称						试验者					
取样位置						计算者					
试验日期						校核者					
仪器名称及编号						试验方法					

岩石名称	试件编号	试件质量/g		天然含水量 /%	蜡封试件质量/g		蜡封试件体积 $V_1 = \dfrac{m_1 - m_2}{\rho_w}$ /cm³	蜡体积 $V_2 = \dfrac{m_1 - m_s}{\rho_p}$ /cm³	试件体积 $V = V_1 - V_2$ /cm³	块体湿密度 $\rho = \dfrac{m}{V}$ /(g/cm³)	块体干密度 $\rho_d = \dfrac{m_s}{V}$ /(g/cm³)	备注
		天然含水状态 m	烘干状态 m_s		空气中重量 m_1	水中重量 m_1						

试　件　描　述
试件编号：
岩石描述：
节理裂隙的发育程度及其分布：
试件的形态：
试件编号：
岩石描述：
节理裂隙的发育程度及其分布：
试件的形态：
试件编号：
岩石描述：
节理裂隙的发育程度及其分布：
试件的形态：

探索思考题

（1）用蜡封法时，熔蜡温度过高对试验结果有何影响？为什么？

（2）在称蜡封试件浮重时，系蜡封试件的细线有一定的质量，可以采取什么方法消除其对试验结果的影响？

4

岩石的吸水性试验

岩石的吸水率是岩石试件在大气压力和室温条件下自由吸入的水量与试件固体质量的比值,用百分数表示。

岩石的饱和吸水率是岩石试件在强制状态下(真空)吸入的最大水量与试件固体质量的比值,用百分数表示。

工程案例

某隧道开挖过程中,采用超前注浆支护。注浆地层为泥质粉砂岩,注浆半径为 0.24m,单根导管注浆段长度为 37.5m。经测试,泥质粉砂岩的开孔隙率为 25%。

单根导管注浆量计算公式如下:

$$Q = \pi R^2 L n_0 \tag{4.1}$$

式中　Q——注浆量,m^3;

　　　R——注浆半径,m;

　　　L——注浆段长度,m;

　　　n_0——注浆地层开孔隙率,%。

❓ R 取 0.24m,L 取 37.5m,n_0 取 25%,请计算单根导管注浆量。

试验目的

岩石的吸水性用吸水率和饱和吸水率表示。岩石的吸水率和饱和吸水率能有效地反映岩石微裂隙的发育程度,可用来判断岩石的抗冻和抗风化等性能。

试验方法

一般采用自由浸水法测定岩石吸水率,用煮沸法或真空抽气法强制饱和后测定岩石饱和吸水率。在测定岩石吸水率的同时,可用水中称重法测定岩石的块体密度。

岩石的吸水性试验的试验方法见下图。

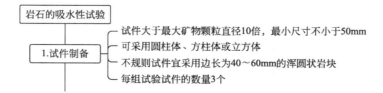

岩石的吸水性试验
　1.试件制备
　　├ 试件大于最大矿物颗粒直径10倍,最小尺寸不小于50mm
　　├ 可采用圆柱体、方柱体或立方体
　　├ 不规则试件宜采用边长为40~60mm的浑圆状岩块
　　└ 每组试验试件的数量3个

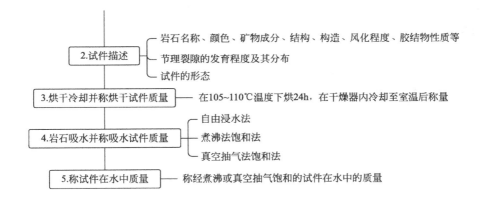

2.试件描述	岩石名称、颜色、矿物成分、结构、构造、风化程度、胶结物性质等
	节理裂隙的发育程度及其分布
	试件的形态

3.烘干冷却并称烘干试件质量　——　在105~110℃温度下烘24h，在干燥器内冷却至室温后称量

4.岩石吸水并称吸水试件质量	自由浸水法
	煮沸法饱和法
	真空抽气法饱和法

5.称试件在水中质量　——　称经煮沸或真空抽气饱和的试件在水中的质量

适用范围

凡遇水不崩解、不溶解和不干缩膨胀的岩石，均可适用。

试验要求

① 称量准确至 0.01g。
② 试验用水采用洁净水，水的密度取为 $1g/cm^3$。

注意事项（试验要点）

① 在取样和试件制备过程中，应尽量避免扰动导致的裂隙，一般不允许采用爆破法取样。
② 浸水时间应从试件完全淹没起计时，煮沸时间应从开始沸腾起计时。
③ 试件形态对岩石吸水率的试验成果有影响，如不规则试件的吸水率可以是规则试件的两倍多，这和试件与水的接触面积大小有很大关系。一般采用单轴抗压强度试验的试件作为吸水性试验的标准试件，只有在试件制备困难时，才允许采用不规则试件。但试件需为浑圆形，有一定的尺寸要求（40~60mm），才能确保试验成果的精度。
④ 孔隙率。岩石的空隙性系岩石孔隙性和裂隙性的统称，用孔隙率表示。孔隙率是反映岩石裂隙发育程度的参数，分为开口孔隙率和封闭孔隙率，两者之和称总孔隙率。岩石试样中与大气相通的孔隙体积占岩石试件总体积的百分比，称开口孔隙率；岩石试件中不与大气相通的孔隙体积占岩石试件总体积的百分比，称封闭孔隙率；开口孔隙与封闭孔隙的体积之和占岩石试件总体积的百分比，称为总孔隙率。开口孔隙又有大小之分，常压下，岩石吸水时，水只能进入大开口孔隙，只有在高压或真空条件下，水方能进入封闭孔隙和小开口孔隙。

岩石的空隙性指标一般不能实测，根据干密度和颗粒密度可计算总孔隙率，其他孔隙率常需通过干密度和吸水性指标换算求得。

4.1 试验原理

采用自由浸水法使岩石试件在大气压力和室温条件下自由吸入水后，测量吸入水量与试样固体质量，进而求出岩石吸水率。

采用煮沸法或真空抽气法使岩石强制饱和后，测量吸入水量与试件固体质量，进而求出岩石饱和吸水率。

4.2 试件制备

（1）规则试件

① 试件尺寸应大于岩石最大矿物颗粒直径的 10 倍，最小尺寸不宜小于 50mm。
② 试件可采用圆柱体、方柱体或立方体。
③ 沿试件高度、直径或边长的误差不应大于 0.3mm。
④ 试件两端面不平行度误差不应大于 0.05mm。
⑤ 试件端面应垂直试件轴线，最大偏差不得大于 0.25°。
⑥ 方柱体或立方体试件相邻两面应互相垂直，最大偏差不得大于 0.25°。

（2）不规则试件

宜采用边长为 40~60mm 的浑圆状岩块。

（3）试件数量

每组试验试件的数量应为 3 个。

4.3 试件描述

① 岩石名称、颜色、矿物成分、结构、构造、风化程度、胶结物性质等。
② 节理裂隙的发育程度及其分布。
③ 试件的形态。

4.4 仪器设备

① 钻石机、切石机、磨石机和砂轮机等。
② 烘箱和干燥器。
③ 天平。
④ 水槽。
⑤ 真空抽气设备和煮沸设备。
⑥ 水中称量装置。

★【思考】岩样的总体积应采用哪些测量值进行计算？

（1）烘干冷却并称烘干试件质量

应将试件置于烘箱内，在105～110℃温度下烘24h，取出放入干燥器内冷却至室温后称量。

（2）岩石吸水并称吸水试件质量

① 自由浸水法。当采用自由浸水法时，应将试件放入水槽，先注水至试件高度的1/4处，以后每隔2h分别注水至试件高度的1/2和3/4处，6h后全部浸没试件。试件应在水中自由吸水48h后取出，并沾去表面水分后称量。

② 煮沸法饱和法。当采用煮沸法饱和试件时，煮沸容器内的水面应始终高于试件，煮沸时间不得少于6h。经煮沸的试件应放置在原容器中冷却至室温，取出并沾去表面水分后称量。

③ 真空抽气法饱和法。当采用真空抽气法饱和试件时，饱和容器内的水面应高于试件，真空压力表读数宜为当地大气压值。抽气直至无气泡逸出为止，但抽气时间不得少于4h。经真空抽气的试件，应放置在原容器中，在大气压力下静置4h，取出并沾去表面水分后称量。

（3）称试件在水中质量

应将经煮沸或真空抽气饱和的试件置于水中称量装置上，称其在水中的质量。称量准确至0.01g。

4.6 试验成果整理

（1）岩石吸水率、岩石饱和吸水率、岩石干密度和岩石颗粒密度

分别按下列公式计算：

$$\omega_a = \frac{m_0 - m_s}{m_s} \times 100 \tag{4.2}$$

$$\omega_{sa} = \frac{m_p - m_s}{m_s} \times 100 \tag{4.3}$$

$$\rho_d = \frac{m_s}{m_p - m_w} \rho_w \tag{4.4}$$

$$\rho_s = \frac{m_s}{m_s - m_w} \rho_w \tag{4.5}$$

$$n_0 = \frac{m_p - m_s}{m_p - m_w} \times 100 \tag{4.6}$$

式中 ω_a——岩石吸水率，%；

　　　ω_{sa}——岩石饱和吸水率，%；

　　　m_0——试件浸水 48h 后的质量，g；

　　　m_s——烘干试件质量，g；

　　　m_p——试件经强制饱和后的质量，g；

　　　m_w——强制饱和试件在水中的称量，g；

　　　ρ_w——水的密度，g/cm³；

　　　ρ_d——岩石的干密度，g/cm³；

　　　ρ_s——岩石颗粒密度，g/cm³；

　　　n_0——岩石的开孔隙率，g/cm³。

（2）计算精度

计算值精确至 0.01。

（3）岩石吸水性试验记录（表4.1）

包括工程名称、试件编号、试件描述、试验方法、烘干试件质量、浸水后质量、强制饱和后质量、强制饱和试件在水中称量、水的密度。

表 4.1　岩石吸水率和饱和吸水率记录表

工程名称			试验者	
取样位置			计算者	
试验日期			校核者	
仪器名称及编号			试验方法	

岩石名称	试件编号	试件烘干重 m_s/g	试件全部浸水48h后		试件煮沸或真空抽气后		水 中 称 重			吸水率 ω_a/%	饱和吸水率 ω_{sa}/%	干密度 ρ_d/(g/cm³)	开孔隙率 n_0/%	备注
			试件在空气中的重量 m_0/g	吸水量/g	试件在空气中的重量 m_p/g	最大吸水量/g	网架重量/g	网架和试件重量/g	试件重量 m_w/g					

试 件 描 述
岩石描述： 节理裂隙的发育程度及其分布： 试件的形态：
岩石描述： 节理裂隙的发育程度及其分布： 试件的形态：
岩石描述： 节理裂隙的发育程度及其分布： 试件的形态：

根据所测得岩石的吸水率（ω_a）、饱和吸水率（ω_p）、岩石干密度（ρ_d）以及该种岩石的颗粒密度（ρ_s），计算岩石的各种空隙性指标：总空隙度（N）、大开空隙度（n_1）、小开空隙度（n_2）、总开空隙度（n_3）以及闭空隙度（n_4）。

岩石的单轴抗压强度试验

岩石单轴抗压强度是试件在无侧限条件下受轴向力作用破坏时单位面积所承受的荷载。

 工程案例

某规划建筑为地上 12 层,地下 1 层,基础形式拟选用桩基础,最大单柱荷载为 13000kN。经钻探揭露,场地上覆土层为第四系杂填土,下伏基岩为三叠纪大冶组中厚层状中风化泥晶灰岩。

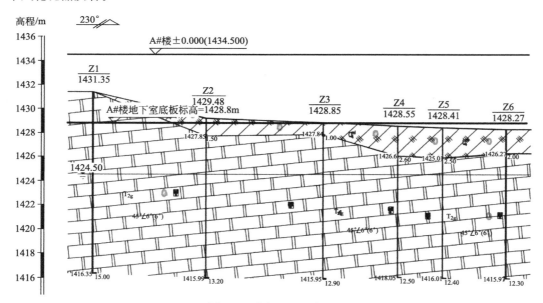

图 5.1　某场地地层剖面

由于场地的第四系杂填土地基承载力低且厚度不均匀,不宜作为地基持力层;选取中厚层状中风化泥晶灰岩为地基持力层。假设采用半径 R 为 0.6m 钻孔灌注桩,桩基嵌入基岩深度 $H=0.5\text{m}$。

根据《工程地质手册(第四版)》第 194 页,公式(8-2-13),单桩容许承载力可按下式计算:

$$[P] = R(C_1 A + C_2 U H) \tag{5.1}$$

式中　$[P]$ ——单桩容许承载力,kN;

　　　A ——桩截面积,m²;

R——岩石单轴抗压强度，kPa；

U——嵌入岩石层内桩的桩孔周长，m；

H——由新鲜岩石面开始计算的嵌入基岩深度，m；

C_1、C_2——系数，依据岩石破碎程度和清基底情况参考《工程地质手册（第四版）》确定取值。

❓ 本例中根据查表得 $C_1 = 0.5$，$C_2 = 0.04$；经测试，泥晶灰岩的单轴抗压强度为 31.18MPa，请计算单桩容许承载力是否能满足要求？若泥晶灰岩的单轴抗压强度为 25.48MPa，单桩容许承载力是否能满足要求？

📖 **试验目的**

单轴抗压强度试验是测定规则形状岩石试件单轴抗压强度的方法，主要用于岩石的强度分级和岩性描述。

📖 **试验方法**

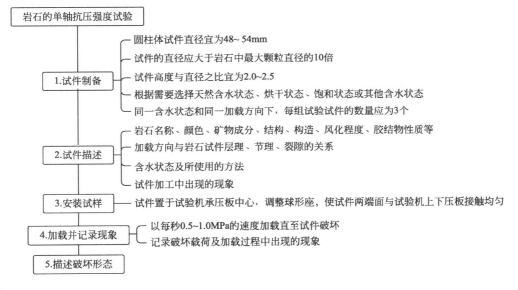

📖 **适用范围**

能制成圆柱体试件的各类岩石均可采用岩石单轴抗压强度试验。

📖 **试验要求**

试件精度应符合下列要求：

① 试件两端面不平行度误差不得大于 0.05mm。

② 沿试件高度，直径的误差不得大于 0.3mm。

③ 端面应垂直于试件轴线，偏差不得大于 0.25°。

📖 **注意事项（试验要点）**

① 当试件接近破坏时，应事先盖好防护罩，并远离试件，以避免脆性坚硬岩石突然破

坏时，岩屑弹出伤人。

②　在放置试件前，应检查承压板是否干净；在对试件加载前，试件受力是否均匀。

③　当试件无法制成标准的高径比时，可按下列公式对其抗压强度进行换算：

$$R = \frac{8R'}{7 + \dfrac{2D}{H}} \tag{5.2}$$

式中　R——标准高径比试件的抗压强度；

　　　R'——任意高径比试件的抗压强度；

　　　D——试件直径；

　　　H——试件高度。

5.1　试验原理

岩石的单轴抗压强度是指岩石试件在单向受压直至破坏时，单位面积上所承受的最大压应力。根据岩石的含水状态，又可将岩石的单轴抗压强度分为干抗压强度和饱和抗压强度。

5.2　试件制备

（1）试件制备及运输

试件可用钻孔岩心或岩块制备。试样在采取、运输和制备过程中，应避免产生裂缝。

（2）试件尺寸

①　圆柱体试件直径宜为 48～54mm。

②　试件的直径应大于岩石中最大颗粒直径的 10 倍。

③　试件高度与直径之比宜为 2.0～2.5。

（3）试件精度

①　试件两端面不平行度误差不得大于 0.05mm。

②　沿试件高度，直径的误差不得大于 0.3mm。

③　端面应垂直于试件轴线，偏差不得大于 0.25°。

（4）试验的含水状态

可根据需要选择天然含水状态、烘干状态、饱和状态或其他含水状态。

（5）试件数量

同一含水状态和同一加载方向下，每组试验试件的数量应为 3 个。

5.3 试件描述

① 岩石名称、颜色、矿物成分、结构、构造、风化程度、胶结物性质等。
② 加载方向与岩石试件层理、节理、裂隙的关系。
③ 含水状态及所使用的方法。
④ 试件加工中出现的现象。

5.4 仪器设备

① 钻石机、切石机、磨石机和车床等。
② 测量平台。
③ 材料试验机（图5.2）。

图5.2　材料试验机

5.5 操作步骤

（1）安装试件

应将试件置于试验机承压板中心，调整球形座，使试件两端面与试验机上下压板接触均匀。

（2）加载并记录现象

应以每秒 0.5～1.0MPa 的速度加载直至试件破坏。应记录破坏载荷及加载过程中出现的现象。

（3）描述破坏形态

试验结束后，应描述试件的破坏形态。

5.6 试验成果整理

（1）岩石单轴抗压强度及软化系数

$$R = \frac{P}{A} \tag{5.3}$$

$$\eta = \frac{R_{\mathrm{w}}}{R_{\mathrm{d}}} \tag{5.4}$$

式中 R——岩石单轴抗压强度，MPa；

η——软化系数；

P——破坏载荷，N；

A——试件截面积，$\mathrm{mm^2}$；

R_{w}——岩石饱和单轴抗压强度平均值，MPa；

R_{d}——岩石烘干单轴抗压强度平均值，MPa。

（2）计算精度

岩石单轴抗压强度计算值应取 3 位有效数字，岩石软化系数计算值应精确至 0.01。

（3）岩石单轴抗压强度试验记录（表5.1）

应包括工程名称、取样位置、试件编号、试件描述、含水状态、受力方向、试件尺寸和破坏载荷。

表 5.1 岩石的单轴抗压强度试验记录

工程名称					试验者		
取样位置					计算者		
试验日期					校核者		
仪器名称及编号							
岩石名称	试件编号	受力方向	含水率	试件尺寸			破坏最大载荷/N	单轴抗压强度/MPa	备注
				平均直径/mm	平均高度/mm	横截面积/mm²			

试 件 描 述

试件编号：

岩石描述：

加载方向与层理节理裂隙的关系：

含水状态及所使用的方法：

试件加工中出现的现象：

试件破坏形态：

试件编号：

岩石描述：

加载方向与层理节理裂隙的关系：

含水状态及所使用的方法：

试件加工中出现的现象：

试件破坏形态：

试件编号：

岩石描述：

加载方向与层理节理裂隙的关系：

含水状态及所使用的方法：

试件加工中出现的现象：

试件破坏形态：

探索思考题

① 当岩石试件上无节理、裂隙时，岩石的单轴抗压强度与加载方向和岩石试件层理之间的角度有何关系？

② 岩石试件的形态、高径比、加载速度等是否影响岩石的单轴抗压强度？是如何影响的？

5 岩石的单轴抗压强度试验

岩石的抗拉强度试验

岩石的抗拉强度有两类试验方法：直接拉伸法和间接拉伸法，各有其优缺点。直接拉伸法操作较复杂，试验技术难于解决。间接拉伸法即巴西劈裂法操作简单，适用于各类能制成规则试件的岩石，是规范推荐方法，本章中岩石的抗拉强度试验采用巴西劈裂法。

工程案例

某公路边坡危岩体直接威胁公路，周边居民人数超过 100 人，直接威胁人民人身财产安全。

该危岩体位于斜坡坡顶，岩性为灰岩，分布高程 1509～1539m，危岩体呈近似长方体状，长为 29.75m，宽为 9.11m，厚为 4.601m，体积约 1246.7m³。斜坡坡向 131°，坡度 88°，岩层产状 325°∠10°。如图 6.1 所示。

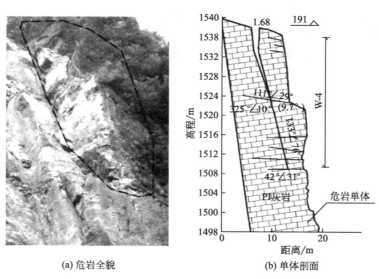

(a) 危岩全貌   (b) 单体剖面

图 6.1　某边坡危岩体

危岩体主要受三组结构面的切割：

结构面①：产状 239°∠74°，延伸长 16.70m，弯曲粗糙，目前该结构面临空，局部形成小岩腔。

结构面②：产状 42°∠31°，延伸长 3.50m，张开 5～10cm，平直粗糙，局部充填角砾。结构面②是将危岩体与母岩分开的主控结构面。

结构面③：产状 133°∠76°，延伸长 30.50m，上部张开 1.68m，裂面较为平整，充填角砾、碎石。后缘陡倾裂隙，起切割岩体的作用。

该危岩体后缘产生裂缝，裂缝宽约 1.68m，前部约有 2.50m 悬空，在危岩体自重、裂隙水压力、地震力等外力作用下，危岩体重心将会失去平衡，产生倾倒式崩塌。

经测试，中风化灰岩的天然容重为 25.6kN/m³，抗拉强度为 5.0MPa。本案例仅计算地震工况下的危岩体稳定系数（不考虑降水影响）。根据式（6.1）计算危岩体稳定系数。

$$F = \frac{\frac{1}{2}f_{lk}\frac{H-h}{\sin\beta}\left[\frac{2H-2h}{3\sin\beta}+\frac{b}{\cos\alpha}\cos(\beta-\alpha)\right]+Wa}{Qh_0+V\left[\frac{H-h}{\sin\beta}+\frac{h_w}{3\sin\beta}+\frac{b}{\cos\alpha}\cos(\beta-\alpha)\right]} \tag{6.1}$$

式中　V——裂隙水压力，kN/m，根据不同工况按规定计算；

　　　Q——地震力，kN/m，$Q=\zeta_e W$，其中 ζ_e 为地震水平系数，一般取 0.1；

　　　F——危岩体稳定性系数；

　　　W——危岩体自重，kN/m；

　　　h——后缘裂隙深度，m；

　　　h_w——后缘裂隙充水高度，m；

　　　H——后缘裂隙上端到未贯通段下端的垂直距离，m；

　　　a——危岩体重心到倾覆点的水平距离，m；

　　　b——后缘裂隙未贯通段下端到倾覆点之间的水平距离，m；

　　　h_0——危岩体重心到倾覆点的垂直距离，m；

　　　f_{lk}——危岩体抗拉强度标准值，kPa，根据岩石抗拉强度标准值乘以 0.3 的折减系数确定；

　　　α——危岩体与基座接触面倾角，(°)，外倾时取正值，内倾时取负值；

　　　β——后缘裂隙倾角，(°)。

❓ 本案例中，V 取 0kN/m，W 取 3546.17kN/m，h 取 20m，h_w 取 0m，H 取 30m，a 取 2m，b 取 3m，h_0 取 14m，α 取 31°，β 取 76°，请计算该危岩体在地震工况下（不考虑降水影响）的危岩体稳定系数。若单轴抗拉强度降低为 3MPa，在地震工况下（不考虑降水影响）的危岩体是否稳定？

📖 试验目的

在工程实践中，通常不允许出现拉应力，但拉断破坏仍是工程岩体主要的破坏方式之一，而且岩石抵抗拉应力的能力最低。研究岩体的抗拉性能对隧道、工程边坡及地下工程洞室的围岩体有重要的意义。

📖 试验方法

岩石的抗拉强度试验试验方法如下

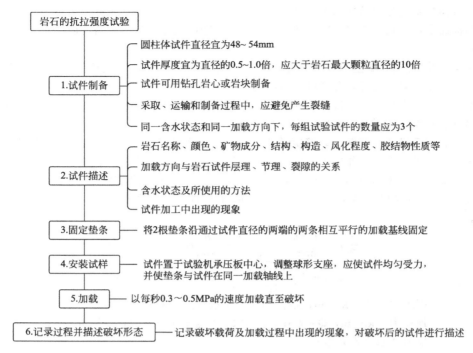

岩石的抗拉强度试验

1.试件制备
- 圆柱体试件直径宜为48~54mm
- 试件厚度宜为直径的0.5~1.0倍，应大于岩石最大颗粒直径的10倍
- 试件可用钻孔岩心或岩块制备
- 采取、运输和制备过程中，应避免产生裂缝
- 同一含水状态和同一加载方向下，每组试验试件的数量应为3个

2.试件描述
- 岩石名称、颜色、矿物成分、结构、构造、风化程度、胶结物性质等
- 加载方向与岩石试件层理、节理、裂隙的关系
- 含水状态及所使用的方法
- 试件加工中出现的现象

3.固定垫条 —— 将2根垫条沿通过试件直径的两端的两条相互平行的加载基线固定

4.安装试样 —— 试件置于试验机承压板中心，调整球形支座，应使试件均匀受力，并使垫条与试件在同一加载轴线上

5.加载 —— 以每秒0.3~0.5MPa的速度加载直至破坏

6.记录过程并描述破坏形态 —— 记录破坏载荷及加载过程中出现的现象，对破坏后的试件进行描述

📖 适用范围

岩石抗拉强度试验采用劈裂法，能制成规则试件的各类岩石均可采用劈裂法。

📖 试验要求

试件精度符合下列要求：
① 试件两端面不平行度误差不得大于 0.05mm。
② 沿试件高度，直径的误差不得大于 0.3mm。
③ 端面应垂直于试件轴线，偏差不得大于 0.25°。

📖 注意事项（试验要点）

① 劈裂法测定岩石的抗拉强度，其结果随垫条材料尺寸的不同而有所差异。垫条的硬度应与试件硬度相匹配，垫条硬度过大，易对试件发生贯入现象；垫条硬度过低，垫条本身将严重变形，两者都影响试验成果。对于坚硬和较坚硬岩石宜选用直径为 1mm 钢丝为垫条，对于软弱和较软弱岩石宜选用宽度与试件直径之比为 0.08~0.1 的胶木板为垫条。

② 上、下两根垫条应与试件中心面位于同一平面内，避免产生偏心受压，影响试验结果。

③ 凡试件最终破坏未贯穿整个试件截面，而是局部脱落，应视为无效试件。

6.1 试验原理

岩石抗拉强度试验是在试件直径方向上施加一对线性载荷，使试件沿直径方向破坏，间接测定岩石的抗拉强度。本试验采用劈裂法，属间接拉伸法。

6.2 试件制备

（1）试件尺寸

圆柱体试件的直径宜为 48～54mm。试件厚度宜为直径的 0.5～1.0 倍，并应大于岩石中最大颗粒直径的 10 倍。

（2）试件制备与运输

试件可用钻孔岩心或岩块制备。试样在采取、运输和制备过程中，应避免产生裂缝。

（3）试件精度

① 试件两端面不平行度误差不得大于 0.05mm。
② 沿试件高度，直径的误差不得大于 0.3mm。
③ 端面应垂直于试件轴线，偏差不得大于 0.25°。

（4）试件数量

同一含水状态和同一加载方向下，每组试验试件的数量为 3 个。

6.3 试件描述

试件描述包括下列内容：
① 岩石名称、颜色、矿物成分、结构、构造、风化程度、胶结物性质等。
② 加载方向与岩石试件层理、节理、裂隙的关系。
③ 含水状态及所使用的方法。
④ 试件加工中出现的现象。

6.4 仪器设备

① 钻石机、切石机、磨石机和车床等。
② 测量平台。
③ 材料试验机。

6.5 操作步骤

★【思考】劈裂试验中，岩石的破坏面应为什么形态？哪些因素会影响岩石的破坏面形态？

（1）固定垫条

应根据要求的劈裂方向，通过试件直径的两端，沿轴线方向应画两条相互平行的加载基线，应将 2 根垫条沿加载基线固定在试件两侧，见图 6.2。

（2）安装试件

应将试件置于试验机承压板中心，调整球形座，应使试件均匀受力，并使垫条与试件在同一加载轴线上。

（3）加载

应以每秒 0.3～0.5MPa 的速度加载直至破坏。

（4）记录过程并描述破坏形态

应记录破坏载荷及加载过程中出现的现象，并应对破坏后的试件进行描述。

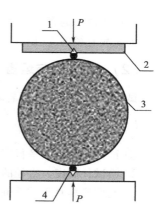

图 6.2　岩石劈裂示意图
1—"V"形凹槽；2—垫板；
3—岩石试件；4—钢质压条

6.6 试验成果整理

（1）岩石抗拉强度

$$\sigma_t = \frac{2P}{\pi Dh} \tag{6.2}$$

式中　σ_t——岩石抗拉强度，MPa；
　　　P——试件破坏载荷，N；
　　　D——试件直径，mm；
　　　h——试件厚度，mm。

（2）计算精度

计算值取 3 位有效数字。

（3）岩石抗拉强度试验的记录（表6.1）

应包括工程名称、取样位置、试件编号、试件描述、试件尺寸、破坏载荷等。

表6.1 岩石的抗拉强度试验记录

工程名称		试验者	
取样位置		计算者	
试验日期		校核者	
仪器名称及编号			

岩石名称	试件编号	受力方向	含水状态	试件尺寸			破坏最大载荷/N	岩石抗拉强度/MPa	备注
				平均直径/mm	平均厚度/mm	劈裂面积/mm²			

试　件　描　述

试件编号：
岩石描述：
加载方向与节理裂隙的关系：
含水状态及所使用的方法：
试件加工中出现的现象：
试件破坏形态：

试件编号：
岩石描述：
加载方向与节理裂隙的关系：
含水状态及所使用的方法：
试件加工中出现的现象：
试件破坏形态：

试件编号：
岩石描述：
加载方向与节理裂隙的关系：
含水状态及所使用的方法：
试件加工中出现的现象：
试件破坏形态：

探索思考题

在劈裂法试验中，试件是被拉破坏还是被压破坏？简述理由。

岩石的直剪试验

　　岩石的直剪试验是将同一类型的一组岩石试件在不同的法向载荷下进行水平剪切，根据库仑定律表达式确定岩石的抗剪强度参数。

📖 **工程案例**

　　某建筑南东侧边坡（图 7.1）中段（FG 段）边坡长度为 140m，高为 23.5～41.9m，坡向 184°，坡度 45°～55°。坡顶无重要建筑，但是边坡高度大导致边坡失稳后的破坏很严重，所以边坡安全等级可以定为一级；边坡主要为中厚层状中风化白云岩组成的岩质边坡，边坡的岩体相对较完整。

图 7.1　边坡全貌

　　岩层产状为 233°∠30°，未见明显张开，起伏粗糙，可见钙质胶结，岩层层面结合程度一般；主要节理产状及其基本特征为：

　　① J1：150°～160°∠70°～80°，张开度大于 3mm，平直光滑、略有起伏，泥质充填，节理结合程度一般；

　　② J2：30°～60°∠60°～80°，张开度大于 3mm，平直光滑，略有起伏，泥质充填，节理结合程度一般。

　　根据赤平投影（图 7.2）分析，该边坡各组结构面均稳定，无外倾结构面。根据《建筑边坡工程技术规范》（GB 50330—2013）5.2.2 条文说明，在发育 3 组以上结构面，且不存在优势外倾结构面组的条件下，可以认为岩体为各向同性介质，采用圆弧滑动面条分法计算。

　　中风化白云岩的天然重度为 26.8kN/m，对中风化白云岩进行室内岩石的抗剪强度试验，得其内摩擦角为 40.0°，黏聚力为 540.0kPa。根据经验，对较完整的中风化白云岩岩石的黏聚力取折减系数 0.2、内摩擦角折减系数取 0.85，得出中风化白云岩岩体的内摩擦角和

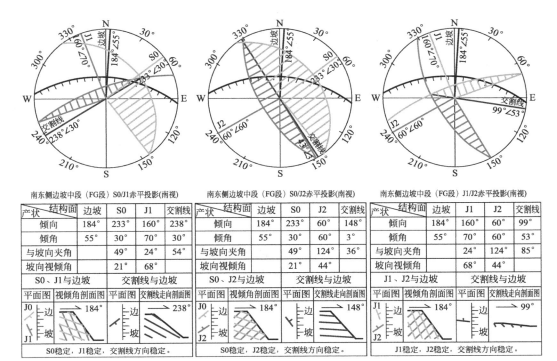

图 7.2　南东侧岩质边坡中段（FG段）赤平投影图

黏聚力分别为 34.0° 和 108.0kPa。

中风化白云岩岩体内结构面结合一般，根据《建筑边坡工程技术规范》（GB 50330—2013）表 4.3.1，取这些边坡段中风化白云岩岩体结构面的黏聚力和内摩擦角标准值为：$C_s = 90$kPa，$\phi_s = 27°$。

不考虑降水与地震的影响，自然工况下，使用中风化白云岩岩体的内摩擦角和黏聚力，采用毕肖普法（Bishop 法）自动搜索最危险潜在滑面进行边坡稳定性计算（图 7.3），得边坡稳定性系数为 1.87，边坡处于稳定状态。

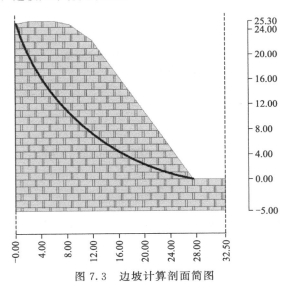

图 7.3　边坡计算剖面简图

请问，是否可以采用中风化白云岩岩体结构面的抗剪强度指标进行稳定性计算？若采用中风化白云岩岩体结构面的抗剪强度指标进行计算，计算结果是偏于安全还是偏于危险？

试验目的

本试验的目的是求出试件沿预定面的正应力与剪应力的关系，提供岩石基础计算之依据。

试验方法

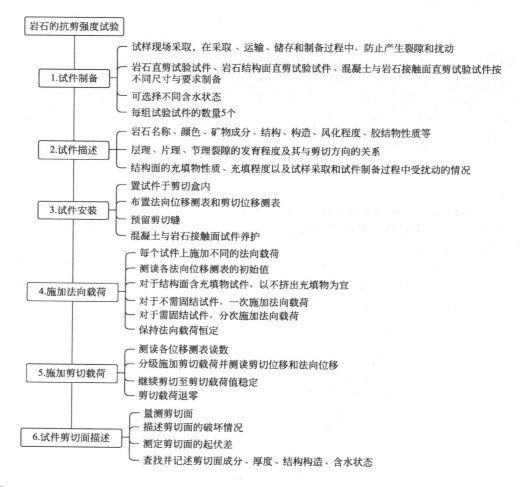

岩石的抗剪强度试验

1.试件制备
- 试样现场采取，在采取、运输、储存和制备过程中，防止产生裂隙和扰动
- 岩石直剪试验试件、岩石结构面直剪试验试件、混凝土与岩石接触面直剪试验试件按不同尺寸与要求制备
- 可选择不同含水状态
- 每组试验试件的数量5个

2.试件描述
- 岩石名称、颜色、矿物成分、结构、构造、风化程度、胶结物性质等
- 层理、片理、节理裂隙的发育程度及其与剪切方向的关系
- 结构面的充填物性质、充填程度以及试样采取和试件制备过程中受扰动的情况

3.试件安装
- 置试件于剪切盒内
- 布置法向位移测表和剪切位移测表
- 预留剪切缝
- 混凝土与岩石接触面试件养护

4.施加法向载荷
- 每个试件上施加不同的法向载荷
- 测读各法向位移测表的初始值
- 对于结构面含充填物试件，以不挤出充填物为宜
- 对于不需固结试件，一次施加法向载荷
- 对于需固结试件，分次施加法向载荷
- 保持法向载荷恒定

5.施加剪切载荷
- 测读各位移测表读数
- 分级施加剪切载荷并测读剪切位移和法向位移
- 继续剪切至剪切载荷值稳定
- 剪切载荷退零

6.试件剪切面描述
- 量测剪切面
- 描述剪切面的破坏情况
- 测定剪切面的起伏差
- 查找并记述剪切面成分、厚度、结构构造、含水状态

适用范围

岩石直剪试验采用平推法。各类岩石、岩石结构面以及混凝土与岩石接触面均可采用平推法直剪试验。

试验要求

① 岩石直剪试验试件的直径或边长不得小于 50mm，试件高度与直径或边长相等。

② 岩石结构面直剪试验试件的直径或边长不得小于 50mm，试件高度宜与直径或边长相等。结构面位于试件中部。

③ 混凝土与岩石接触面直剪试验试件宜为正方体，其边长不宜小于 150mm。接触面位于试件中部，浇筑前岩石接触面的起伏差宜为边长的 1%～2%。混凝土按预定的配合比浇筑，骨料的最大粒径不得大于边长的 1/6。

📖 **注意事项（试验要点）**

① 预定的法向应力一般是指工程设计应力。法向应力的选取应根据工程设计应力（或工程设计压力）、岩石或岩体的强度、岩体的应力状态以及设备的精度和出力等确定。

② 当剪切位移量不大时，剪切面积可直接采用试件剪切面积，当剪切位移量过大而影响计算精度时，采用最终的重叠剪切面积。

7.1　试验原理

岩石直剪试验是将同一类型的一组岩石试件，在不同的法向荷载下进行剪切，根据库仑-奈维表达式确定岩石的抗剪强度参数。

7.2　试件制备

（1）试件制备及运输要求

试样应在现场采取，在采取、运输、储存和制备过程中，应防止产生裂隙和扰动。

（2）岩石试件的要求

① 岩石直剪试验试件的直径或边长不得小于 50mm，试件高度应与直径或边长相等。

② 岩石结构面直剪试验试件的直径或边长不得小于 50mm，试件高度宜与直径或边长相等。结构面应位于试件中部。

③ 混凝土与岩石接触面直剪试验试件宜为正方体，其边长不宜小于 150mm。接触面应位于试件中部，浇筑前岩石接触面的起伏差宜为边长的 1%～2%。混凝土应按预定的配合比浇筑，骨料的最大粒径不得大于边长的 1/6。

（3）试验的含水状态

可根据需要选择天然含水状态、饱和状态或其他含水状态。

（4）试件的数量

每组试验试件的数量应为 5 个。

7.3 试件描述

① 岩石名称、颜色、矿物成分、结构、构造、风化程度、胶结物性质等。
② 层理、片理、节理裂隙的发育程度及其与剪切方向的关系。
③ 结构面的充填物性质、充填程度以及试样采取和试件制备过程中受扰动的情况。

7.4 仪器设备

① 试件制备设备。
② 试件饱和与养护设备。
③ 应力控制式平推法直剪试验仪（图7.4）。
④ 位移测表。

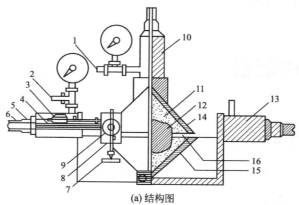

(a) 结构图

(b) 实物图

图 7.4 便携式直剪试验仪

1—垂直荷载输油管；2—水平荷载输油管；3—测剪仪位移百分表；4—钢丝绳；5—水平加荷千斤顶；
6—钢丝绳套；7—固定在剪切盒上的导轨；8—固定在剪切盘上的钢丝绳夹持器；9—安装在夹持器上的
测垂直位移百分表（其活动腿可沿导轨滑移）；10—垂向加荷千斤顶；11—浇注料；12—不规则试件；
13—摩擦试验用的辅助千斤顶；14—上剪切盘；15—下剪切盒；16—受剪面开缝

操作步骤

★ 【思考】固结稳定的标准是什么？

（1）试件安装

① 置试件于剪切盒内。应将试件置于直剪仪的剪切盒内，试件受剪方向宜与预定受力方向一致，试件与剪切盒内壁的间隙用填料填实，应使试件与剪切盒成为一整体。预定剪切面位于剪切缝中部。

② 布置法向位移测表和剪切位移测表。安装试件时，法向载荷和剪切载荷的作用力方向应通过预定剪切面的几何中心。法向位移测表和剪切位移测表应对称布置，各测表数量不得少于 2 只。

③ 预留剪切缝。预留剪切缝宽度应为试件剪切方向长度的 5%，或为结构面充填物的厚度。

④ 混凝土与岩石接触面试件养护。混凝土与岩石接触面试件，应达到预定混凝土强度等级。

（2）施加法向载荷

① 每个试件上施加不同的法向载荷。在每个试件上分别施加不同的法向载荷，对应的最大法向应力值不宜小于预定的法向应力。各试件的法向载荷，宜根据最大法向载荷等分确定。

② 测读各法向位移测表的初始值。在施加法向载荷前，应测读各法向位移测表的初始值。应每 10min 测读一次，各个测表三次读数差值不超过 0.02mm 时，可施加法向载荷。

③ 对于结构面含充填物试件，以不挤出充填物为宜。对于岩石结构面中含有充填物的试件，最大法向载荷以不挤出充填物为宜。

④ 对于不需固结试件，一次施加法向载荷。对于不需要固结的试件，法向载荷可一次施加完毕；施加完毕法向载荷测读法向位移，5min 后再测读一次，即可施加剪切载荷。

⑤ 对于需固结试件，分次施加法向载荷。对于需要固结的试件，应按充填物的性质和厚度分 1～3 级施加。在法向载荷施加至预定值后的第一小时内，应每隔 15min 读数一次；然后每 30min 读数一次。当各个测表每小时法向位移不超过 0.05mm 时，应视作固结稳定，即可施加剪切载荷。

⑥ 保持法向载荷恒定。在剪切过程中，应使法向载荷始终保持恒定。

（3）施加剪切载荷

① 测读各位移测表读数。应测读各位移测表读数，必要时可调整测表读数。根据需要，可调整剪切千斤顶位置。

② 分级施加剪切载荷并测读剪切位移和法向位移。根据预估最大剪切载荷，宜分 8～12 级施加。每级载荷施加后，即应测读剪切位移和法向位移，5min 后再测读一次，即可施加下一级剪切载荷直至破坏。当剪切位移量增幅变大时，可适当加密剪切载荷分级。

③ 继续剪切至剪切载荷值稳定。试件破坏后，应继续施加剪切载荷，应直至测出趋于

稳定的剪切载荷值为止。

④ 剪切载荷退零。应将剪切载荷退至零。根据需要，待试件回弹后，调整测表，应按本条①～③步骤进行摩擦试验。

（4）试件剪切面描述

① 应量测剪切面，确定有效剪切面积。

② 应描述剪切面的破坏情况，擦痕的分布、方向和长度。

③ 应测定剪切面的起伏差，绘制沿剪切方向断面高度的变化曲线。

④ 当结构面内有充填物时，应查找剪切面的准确位置，并应记述其组成成分、性质、厚度、结构构造、含水状态。根据需要，可测定充填物的物理性质和黏土矿物成分。

7.6 试验成果整理

（1）各法向载荷下，作用于剪切面上的法向应力和剪应力

应分别按下列公式计算：

$$\sigma = \frac{P}{A} \tag{7.1}$$

$$\tau = \frac{Q}{A} \tag{7.2}$$

式中　σ——作用于剪切面上的法向应力，MPa；

τ——作用于剪切面上的剪应力，MPa；

P——作用于剪切面上的法向载荷，N；

Q——作用于剪切面上的剪切载荷，N；

A——有效剪切面面积，mm^2。

（2）确定各剪切阶段特征点的剪应力

应绘制各法向应力下的剪应力与剪切位移及法向位移关系曲线，应根据曲线确定各剪切阶段特征点的剪应力。

（3）确定岩石强度参数

应将各剪切阶段特征点的剪应力和法向应力点绘在坐标图上，绘制剪应力与法向应力关系曲线，并按库伦-奈维表达式确定相应的岩石强度参数（f，c）。

摩擦系数 $\tan\varphi$ 和黏聚力 c 可按下式求取：

$$\tan\varphi = \frac{\tau_n - \tau_1}{\sigma_n - \sigma_1} \tag{7.3}$$

$$c = \tau_n - \sigma_n \tan\varphi \tag{7.4}$$

式中　$\tan\varphi$——摩擦系数；

c——凝聚力，MPa；

τ_n——σ_n 时的极限剪应力，MPa；

τ_1——σ_1 时的极限剪应力，MPa；

σ_n——大于 σ_1 时的法向应力，MPa；

σ_1——法向应力，MPa。

（4）岩石直剪试验记录（表7.1）

应包括工程名称、取样位置、试件编号、试件描述、含水状态、混凝土配合比和强度等级、剪切面积、各法向载荷下各级剪切载荷时的法向位移及剪切位移、剪切面描述。

表7.1　岩石直剪试验记录

工程名称		试验者	
取样位置		计算者	
试验日期		校核者	
仪器名称及编号			

试件编号	岩石名称	含水率	有效剪切面积/mm^2	法向应力/MPa	观测时间/s	剪应力/MPa	测微表读数/$(\frac{1}{100}mm)$ 水平 C_1	C_2	C_3	C_4	垂直 C_1	C_2	C_3	C_4	位移值/$(\frac{1}{100}mm)$ 水平位置 C_1	C_2	C_3	C_4	平均值	垂直位置 C_1	C_2	C_3	C_4	平均值	备注

岩石描述：

层理、片理、节理裂隙的发育程度：

结构面与剪切方向的关系：

结构面的充填物性质、充填程度：

含水状态及所使用的方法：

试样采取和试件制备过程中受扰动的情况：

试件破坏形态：

注：① 法向位移测表和剪切位移测表不得少于 2 只，本表仅列 4 只表的记录表格，若遇到多于 4 只表的情况，请读者自行增加表格。

② 由于不同试件的观测时间与剪切载荷分级不固定，请读者每记录完一个观测时间数据后自行划一条分行线。

③ 每组试验试件的数量为 5 个，由于篇幅所限，本表为一个试件记录表，请读者根据需要自行复印本表格。

探索思考题

试件破坏后，为什么要继续剪切至趋于稳定的剪切载荷值？

8

▶岩石的点荷载试验◀

📖 工程案例

　　某码头拟修建防波堤，根据项目技术规格书要求，防波堤用护面石的母岩抗压强度不小于 60MPa，且母岩应为微风化岩或未风化岩。该防波堤所需的护面石供应石场的覆盖层为黏性土以及砂质粉土，厚度 1~4m，覆盖层下依次为全风化岩、中风化岩、微风化岩及未风化岩。

　　为开采质量合格的规格石，需去除石场覆盖层、全风化岩及中风化岩，但不同风化程度的岩体界面不是很清晰，尤其是中风化岩与微风化岩之间的岩体界面，这就为选取微风化岩和未风化岩带来难度，若仅凭岩石的外观颜色判断其风化程度，易引起较大偏差。母岩抗压强度偏低的规格石，在铺砌过程中崩裂甚至在装卸运输过程中易破碎（如图 8.1 所示）。

图 8.1　护面石崩裂

　　点荷载强度试验相对简单快捷，且岩样稍加工即可进行测试，故可利用点荷载强度试验对岩石质量进行实时监控，及时剔除强度不合格的护面石。

　　根据长江科学院 2011 年提出的单轴抗压强度与点荷载强度的公式

$$R_c = 21.86 I_{s(50)} \tag{8.1}$$

❓ 请问，要使护面石的抗压强度不小于 60MPa，护面石的点荷载强度至少应该为多少？

点荷载强度可为岩石分级及按经验公式计算岩石的抗压强度参数提供依据。

📖 试验方法

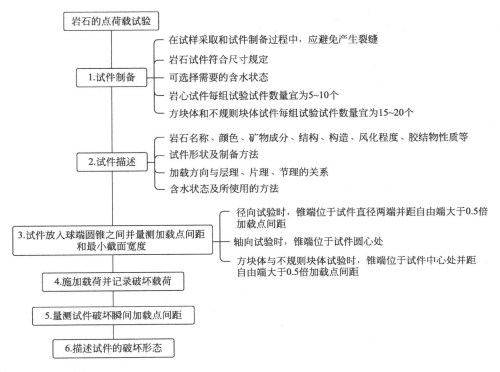

📖 适用范围

本试验适用于除极软岩以外的各类岩石。

📖 注意事项（试验要点）

① 通过三维光弹试验证明，不同形状的试件在点荷载的作用下，其加荷轴附近的应力状态基本相同。因此，可用不同形状及不规则试件进行点荷载试验。

② 点荷载试验在测定岩石强度各向异性方面优于其他常规试验。在点荷载试验中，试件极易沿结构面发生破坏，哪怕加载点并未与结构面接触。因此，通过点荷载试验，可判别该岩石的强度是受岩石控制，还是受结构面控制。当试件中存在弱面时，加载方向应分别垂直弱面和平行弱面，以求得各向异性岩石的垂直和平行的点荷载强度。

③ 由于岩石点荷载强度一般都比较低，因此在试验中一定要控制好加荷速度，慢慢加压，使压力表指针缓慢而均匀地前进。

④ 安装试件时，上、下加荷点应注意对准试件的中心，并使其加荷面垂直于加荷点的连线。

⑤ 在对软岩进行试验时，加荷锥头常有一定的嵌入度，因此，在测量加荷点的距离 D 时，应将卡尺对准试件上加荷锥头嵌入留下来的两个凹痕底进行量测。

⑥ 用点荷载强度预估单轴抗压强度和抗拉强度，已由大量对比试验证实是可行的。有资料表明，通常单轴抗压强度是点荷载强度的 20～25 倍，抗拉强度是点荷载强度的 1.5～3 倍。这虽然只是一种近似关系，但可为规划选点及可行性研究提供参考。

⑦ 在试验中，应注意观察和描述试件的破坏特征，例如：试件破裂面全部是新鲜平直的；全部是沿原有裂面破裂的；部分是新鲜断面，部分是原有裂面，呈拐弯状破坏等。对此，应分别进行强度统计，这有利于分析结果的代表性。

8.1 试验原理

岩石点荷载强度试验是将试件置于点荷载仪上下一对球端圆锥之间，施加集中载荷直至破坏，据此求得岩石点荷载强度指数和岩石点荷载强度各向异性指数。本试验是间接确定岩石强度的一种试验方法。

8.2 试件制备

（1）试件制备和运输要求

试件可采用钻孔岩心，或从岩石露头、勘探坑槽、平洞、巷道或其他洞室中采取的岩块。在试样采取和试件制备过程中，应避免产生裂缝。

（2）岩石试件的规定

①作径向试验的岩心试件，长度与直径之比应大于 1.0；作轴向试验的岩心试件，长度与直径之比宜为 0.3～1.0。

②方块体或不规则块体试件，其尺寸宜为 50mm±35mm，两加载点间距与加载处平均宽度之比宜为 0.3～1.0。

（3）试件的含水状态

可根据需要选择天然含水状态、烘干状态、饱和状态或其他含水状态。

（4）试件数量

同一含水状态和同一加载方向下，岩心试件每组试验试件数量宜为 5～10 个，方块体和不规则块体试件每组试验试件数量宜为 15～20 个。

8.3 试件描述

① 岩石名称、颜色、矿物成分、结构、构造、风化程度、胶结物性质等。
② 试件形状及制备方法。

③ 加载方向与层理、片理、节理的关系。
④ 含水状态及所使用的方法。

8.4 仪器设备

① 点荷载试验仪（图 8.2）。
② 游标卡尺。

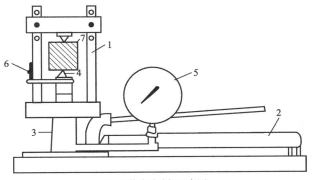

(a) 点荷载试验仪示意图

1—框架；2—手摇卧式油泵；3—千斤顶；4—球端圆锥状压头
（简称加荷锥）；5—油压表；6—游标卡尺；7—试样

(b) 点荷载试验仪实物照片

图 8.2　点荷载仪

8.5 操作步骤

★【思考】点荷载试验相对于其他岩石力学试验的优点是什么？

（1）试件放入球端圆锥之间并量测加载点间距和最小截面宽度（图 8.3）

① 径向试验时，应将岩心试件放入球端圆锥之间，使上下锥端与试件直径两端应紧密接触。应量测加载点间距，加载点距试件自由端的最小距离不应小于加载两点间距的 0.5。

② 轴向试验时，应将岩心试件放入球端圆锥之间，加载方向应垂直试件两端面，使上下锥端连线通过岩心试件中截面的圆心处并应与试件紧密接触。应量测加载点间距及垂直于加载方向的试件宽度。

③ 方块体与不规则块体试验时，应选择试件最小尺寸方向为加载方向。应将试件放入球端圆锥之间，使上下锥端位于试件中心处并与试件紧密接触。应量测加载点间距及通过两加载点最小截面的宽度或平均宽度，加载点距试件自由端的距离不应小于加载点间距的 0.5。

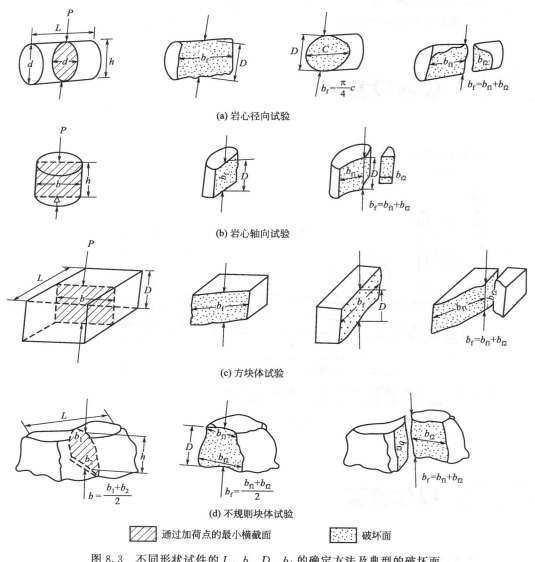

(a) 岩心径向试验

(b) 岩心轴向试验

(c) 方块体试验

(d) 不规则块体试验

▨ 通过加荷点的最小横截面　　▧ 破坏面

图 8.3　不同形状试件的 L、b、D、b_f 的确定方法及典型的破坏面

（2）施加载荷并记录破坏载荷

应稳定地施加荷载，使试件在 $10\sim60\,\mathrm{s}$ 内破坏，应记录破坏载荷。如果破坏面只通过一个加荷点便产生局部破坏，则该次试验无效（图 8.4）。

（3）量测试件破坏瞬间加载点间距

有条件时，应量测试件破坏瞬间的加载点间距。

（4）描述试件的破坏形态

试验结束后，应描述试件的破坏形态。破坏面贯穿整个试件并通过两加载点为有效试验。

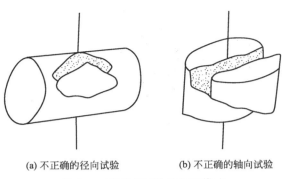

(a) 不正确的径向试验　　　(b) 不正确的轴向试验

图 8.4　不正确试验的破坏模式

8.6　试验成果整理

（1）未经修正的岩石点荷载强度

应按下式计算：

$$I_s = \frac{P}{D_e^2} \tag{8.2}$$

式中　I_s——未经修正的岩石点荷载强度，MPa；

　　　P——破坏载荷，N；

　　　D_e——等价岩心直径，mm。

（2）等价岩心直径

采用径向试验分别按下列公式计算：

$$D_e^2 = D^2 \tag{8.3}$$
$$D_e^2 = DD' \tag{8.4}$$

式中　D——加载点间距，mm；

　　　D'——上下锥端发生贯入后，试件破坏瞬间的加载点间距，mm。

（3）轴向、方块体或不规则块体试验的等价岩心直径

应分别按下列公式计算：

$$D_e^2 = \frac{4WD}{\pi} \tag{8.5}$$

$$D_e^2 = \frac{4WD'}{\pi} \tag{8.6}$$

式中　W——通过两加载点最小截面的宽度或平均宽度，mm。

（4）修正计算值一

当等价岩心直径不等于 50mm 时，应对计算值进行修正。当试验数据较多，且同一组试件中的等价岩心直径具有多种尺寸而不等于 50mm 时，应根据试验结果，绘制 D_e^2 与破坏

载荷 P 的关系曲线，并应在曲线上查找 D_e^2 为 2500mm^2 时对应的 P_{50} 值，岩石点荷载强度指数按下式计算：

$$I_{s(50)} = \frac{P_{50}}{2500} \tag{8.7}$$

式中　$I_{s(50)}$——等价岩心直径为 50mm 的岩石点荷载强度指数，MPa；

　　　P_{50}——根据 $D_e^2\text{-}P$ 关系曲线求得的 D_e^2 为 2500mm^2 时的 P 值，N。

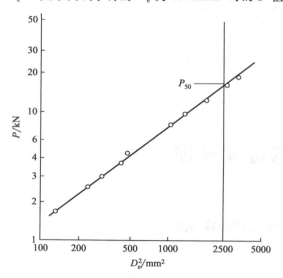

图 8.5　$P\text{-}D_e^2$ 的对数关系曲线

（5）修正计算值二

当等价岩心直径不为 50mm，且试验数据较少时，不宜按（4）条方法进行修正，岩石点荷载强度指数应分别按下列公式计算：

$$I_{s(50)} = FI_s \tag{8.8}$$

$$F = \left(\frac{D_e}{50}\right)^m \tag{8.9}$$

式中　F——修正系数；

　　　m——修正指数，可取 $0.40\sim0.45$，或根据同类岩石的经验值确定。

（6）岩石点荷载强度各向异性指数

应按下式计算：

$$I_{a(50)} = \frac{I'_{s(50)}}{I''_{s(50)}} \tag{8.10}$$

式中　$I_{a(50)}$——岩石点荷载强度各向异性指数；

　　　$I'_{s(50)}$——垂直于弱面的岩石点荷载强度指数，MPa；

　　　$I''_{s(50)}$——平行于弱面的岩石点荷载强度指数，MPa。

（7）按式（8.8）计算的垂直和平行弱面岩石点荷载强度指数应取平均值

当一组有效的试验数据不超过 10 个时，应舍去最高值和最低值，再计算其余数据的平均值；当一组有效的试验数据超过 10 个时，应依次舍去 2 个最高值和 2 个最低值，再计算其余数据的平均值。

（8）计算精度

计算值应取 3 位有效数字。

（9）岩石点荷载强度试验记录（表 8.1）

应包括工程名称、取样位置、试件编号、试件描述、含水状态、试验类型、试件尺寸、破坏载荷。

表 8.1 岩石的点荷载试验记录

工程名称				试验者		
取样位置				计算者		
试验日期				校核者		
仪器名称及编号						
试件编号						
取样深度						
试件形状						
颜色						
矿物成分						
结构						
构造						
胶结物性质						
风化程度分级						
节理发育程度分级						
试件加荷方向与层理、节理、裂隙关系						
点荷载试验种类						
含水状态(含水率/%)						
试样尺寸	长/mm					
	宽/mm					
	厚/mm					
加荷方向						
压力表读数 F/MPa						
总荷载 $P=C\times F$/N						
加荷点间距离 D/mm						
破坏面宽度 W_f/mm						
等效圆直径平方 D_e^2/mm²						
未修正点荷载强度 I_s/MPa						
修正系数 F						
修正点荷载强度指数 $I_{s(50)}$/MPa						

注：同一含水状态和同一加载方向下，岩心试件每组试验试件数量宜为 5～10 个，方块体和不规则块体试件每组试验试件数量宜为 15～20 个，由于篇幅所限，本表仅有 6 个试件记录表，请读者根据需要自行复印本表格。

探索思考题

① 点荷载试验中，试件的破坏属于什么破坏形式？

② 点荷载试验与劈裂法试验相比较，有何相同点和不同点？

岩石的三轴压缩强度试验

岩石的三轴压缩强度试验是将岩石试件放在一密闭容器内，施加三向应力至试件破坏，在加压过程中同时测定不同荷载下的应变值，进而求得岩石的三轴压缩强度、内摩擦角、黏聚力以及弹性模量和泊松比等参数。

根据应力状态的不同，可将三轴压缩试验分为真三轴压缩试验（应力状态为：$\sigma_1 \neq \sigma_2 \neq \sigma_3 > 0$）及假三轴压缩试验（或称等侧压三轴压缩试验，应力状态为 $\sigma_1 > \sigma_2 = \sigma_3 > 0$）。本书采用假三轴压缩试验。

工程案例

某圆形隧道布置在黄砂岩中，隧道半径 $r = 2\text{m}$，埋深 $H = 1277.7\text{m}$。隧道所在岩体完整性良好，岩体重度 $\gamma = 27\text{kN/m}^3$，原始应力 $p_0 = \gamma H = 34.5\text{MPa}$。

对该黄砂岩进行了三轴压缩试验，得到的测试结果如图 9.1。

当围压为 0 时，岩石弹性模量为 8.89GPa，当围压为 34.5MPa 时，岩石弹性模量为 15GPa。当围压为 138MPa 时，岩石弹性模量为 25GPa。岩体的泊松比 $\mu_m = 0.25$，侧压系数 $\lambda = 1/3$。若围岩未发生塑性变形，根据弹性理论，隧道径向变形可根据如下公式计算。

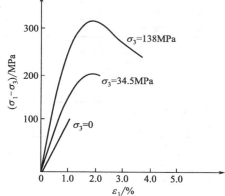

图 9.1　黄砂岩应力-应变交会图

$$u_{r=r_a} = \frac{1.25 P_0 r_a}{E_{me}} (1 - \cos 2\theta)$$

式中　　r_a——隧道半径；

$\quad\quad P_0$——初始应力；

$\quad\quad E_{me}$——岩体的弹性模量。

隧道顶部与底部中心位置的径向位移最大。

由于隧道围岩所受的径向压力在 0 和 P_0 之间，请以围岩分别为 0 和 34.5MPa 时的岩石弹性模量作为岩体弹性模量，分别计算隧道顶部中心位置（$\theta = 90°$）的径向位移。

试验目的

岩石的三轴压缩强度试验的目的是求取岩石的三轴压缩强度、内摩擦角、黏聚力以及弹性模量和泊松比等岩石物理力学参数，为工程设计提供参数。

📖 **试验方法**

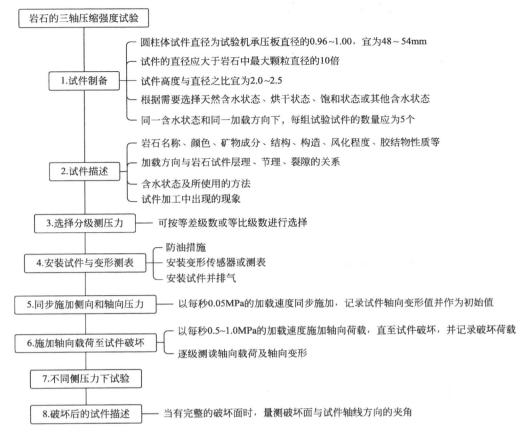

岩石的三轴压缩强度试验

1.试件制备
— 圆柱体试件直径为试验机承压板直径的0.96~1.00，宜为48~54mm
— 试件的直径应大于岩石中最大颗粒直径的10倍
— 试件高度与直径之比宜为2.0~2.5
— 根据需要选择天然含水状态、烘干状态、饱和状态或其他含水状态
— 同一含水状态和同一加载方向下，每组试验试件的数量应为5个

2.试件描述
— 岩石名称、颜色、矿物成分、结构、构造、风化程度、胶结物性质等
— 加载方向与岩石试件层理、节理、裂隙的关系
— 含水状态及所使用的方法
— 试件加工中出现的现象

3.选择分级测压力 — 可按等差级数或等比级数进行选择

4.安装试件与变形测表
— 防油措施
— 安装变形传感器或测表
— 安装试件并排气

5.同步施加侧向和轴向压力 — 以每秒0.05MPa的加载速度同步施加，记录试件轴向变形值并作为初始值

6.施加轴向载荷至试件破坏
— 以每秒0.5~1.0MPa的加载速度施加轴向荷载，直至试件破坏，并记录破坏荷载
— 逐级测读轴向载荷及轴向变形

7.不同侧压力下试验

8.破坏后的试件描述 — 当有完整的破坏面时，量测破坏面与试件轴线方向的夹角

📖 **适用范围**

　　岩石三轴压缩强度试验采用等侧向压力，能制成圆柱体试件的各类岩石均可采用等侧向压力三轴压缩强度试验。

📖 **试验要求**

　　① 试样在采取、运输和制备过程中，避免产生裂缝。
　　② 试件精度符合下列要求：
　　试件两端面不平行度误差不得大于 0.05mm。
　　沿试件高度，直径误差不得大于 0.3mm。
　　端面垂直于试件轴线，偏差不得大于 0.25°。

📖 **注意事项（试验要点）**

　　（1）侧向压力值主要依据工程特性、试验内容、岩石性质以及三轴试验机性能选定。为了便于成果分析，侧压力级差可选择等差级数或等比级数。
　　（2）试件采取防油措施，以避免油液渗入试件而影响试验成果。

9.1　试验原理

岩石三轴压缩强度试验是测定一组岩石试件在不同侧压条件下的三向压缩强度，据此计算岩石在三轴压缩条件下的强度参数。采用等侧压条件下的三轴试验，为三向应力状态中的特殊情况，即 $\sigma_2 = \sigma_3$。在进行三轴试验的同时进行岩石单轴抗压强度、抗拉强度试验，有利于试验成果整理。

9.2　试件制备

（1）试件制备和运输要求

试件可用钻孔岩心或岩块制备。试件在采取、运输和制备过程中，避免产生裂缝。

（2）试件尺寸要求

圆柱体试件直径应为试验机承压板直径的 0.96～1.00，宜为 48～54mm，同时试件的直径应大于岩石中最大颗粒直径的 10 倍。试件高度与直径之比宜为 2.0～2.5。

（3）试件精度

应符合下列要求：
① 试件两端面不平行度误差不得大于 0.05mm。
② 沿试件高度，直径的误差不得大于 0.3mm。
③ 端面应垂直于试件轴线，偏差不得大于 0.25°。

（4）试验的含水状态

可根据需要选择天然含水状态、烘干状态、饱和状态或其他含水状态。

（5）试件数量

同一含水状态和同一加载方向下，每组试验试件的数量为 5 个。

9.3　试件描述

① 岩石名称、颜色、矿物成分、结构、构造、风化程度、胶结物性质等。
② 加载方向与岩石试件层理、节理、裂隙的关系。

③ 含水状态及所使用的方法。
④ 试件加工中出现的现象。

9.4 仪器设备

① 钻石机、切石机、磨石机和车床等。
② 测量平台。
③ 三轴试验机（图9.2）。

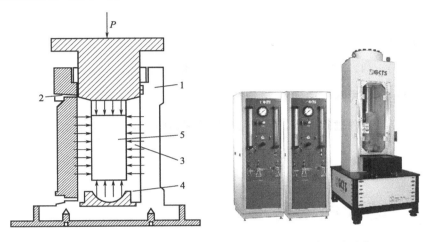

(a) 三轴试验机压力室装置　　　　　　　　(b) 三轴试验机实物

图9.2　三轴试验机

1—压力室套筒；2—进油口；3—压液；4—支座；5—试件

9.5 操作步骤

★【思考】如何判断压力室已经充满液压油？如果压力室内的空气未全部排出，对试验结果是否会有影响？

（1）选择分级侧压力

各试件侧压力可按等差级数或等比级数进行选择。最大侧压力应根据工程需要和岩石特性及三轴试验机性能确定。

（2）安装试件与变形测表

应根据三轴试验机要求安装试件和轴向变形测表。试件应采用防油措施。
① 防油措施。试件应采取防油措施，先在试件表面涂抹上薄层防油胶液，胶液凝固后

套上耐油的薄橡皮套或塑料套。

　　② 安装变形传感器或测表。安装径向变形和轴向变形传感器或测表。

　　③ 安装试件并排气。根据三轴试验机要求安装试件，向压力室注入液压油，排出压力室内的空气。

（3）同步施加侧向和轴向压力至预定侧压力值

　　应以每秒 0.05MPa 的加载速度同步施加侧向压力和轴向压力至预定的侧压力值，应记录试件轴向变形值并作为初始值。在试验过程中应使侧向压力始终保持为常数。

（4）施加轴向载荷至试件破坏并逐级测读

　　加载应采用一次连续加载法。应以每秒 0.5～1.0MPa 的加载速度施加轴向载荷，应逐级测读轴向载荷及轴向变形，直至试件破坏，并记录破坏载荷。测值不宜少于 10 组。

（5）不同侧压力下试验

　　按步骤（2）～（4），应进行其余试件在不同侧压力下的试验。

（6）破坏后的试件描述

　　应对破坏后的试件进行描述。当有完整的破坏面时，应量测破坏面与试件轴线方向的夹角。

9.6　试验成果整理

（1）不同侧压条件下的最大主应力

应按下式计算：

$$\sigma_1 = \frac{P}{A} \tag{9.1}$$

式中　σ_1——不同侧压条件下的最大主应力，MPa；

　　　P——不同侧压条件下的试件轴向破坏载荷，N；

　　　A——试件截面积，mm^2。

（2）确定抗剪强度参数

　　应根据计算的最大主应力 σ_1 及相应施加的侧向压力 σ_3，在 τ-σ 坐标图上绘制莫尔应力圆（图 9.3）；应根据莫尔-库伦强度准则确定岩石在三向应力状态下的抗剪强度参数，应包括摩擦系数 f 和黏聚力 c 值。

（3）抗剪强度参数

　　采用下述方法予以确定。应在以 σ_1 为纵坐标和 σ_3 为横坐标的坐标图上，根据各试件的 σ_1、σ_3 值，点绘出各试件的坐标点，并建立下列线性方程式：

$$\sigma_1 = F\sigma_3 + R \tag{9.2}$$

式中　F——σ_1-σ_3 关系曲线的斜率（图 9.4）；

　　　R——σ_1-σ_3 关系曲线在 σ_1 轴上的截距，等同于试件的单轴抗压强度，MPa。

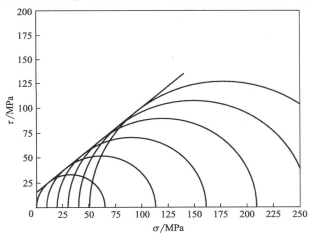

图 9.3　强度包络线示意图（莫尔应力圆）

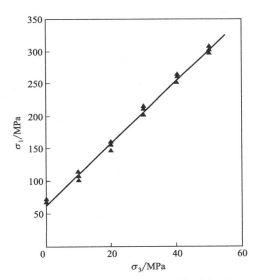

图 9.4　σ_1 与 σ_3 最佳关系曲线示意图

（4）莫尔-库伦强度准则参数

根据参数 F、R，莫尔-库伦强度准则参数分别按下列公式计算：

$$f = \frac{F-1}{2\sqrt{F}} \tag{9.3}$$

$$c = \frac{R}{2\sqrt{F}} \tag{9.4}$$

式中　f——摩擦系数；

　　　c——黏聚力，MPa。

（5）计算试件的应变

用测微表测定变形时，按下列计算轴向应变：

$$\varepsilon_a = \frac{\Delta l_1 - \Delta l_2}{l}$$

式中　ε_a——轴向应变值；

　　　l——试件高度，mm；

　　　Δl_1——由测微表测定的总变形值，mm；

　　　Δl_2——压力机系统的变形值，mm。

用电阻应变仪测应变时，按下式计算试件的体积应变值

$$\varepsilon_v = \varepsilon_a - 2\varepsilon_c$$

式中　ε_v——某一应力下的体积应变值；

　　　ε_a——同一应力下的纵向应变值；

　　　ε_c——同一应力下的横向应变值。

（6）绘制曲线

绘制轴向与侧向应力差（$\sigma_1 - \sigma_3$）与轴向应变 ε_a 关系曲线、轴向与侧向应力差（$\sigma_1 - \sigma_3$）与横向应变 ε_c 关系曲线。根据需要，可分别计算弹性模量、泊松比等三轴压缩变形参数。

（7）岩石三轴压缩强度试验记录（表9.1、表9.2）

应包括工程名称、取样位置、试件编号、试件描述、试件尺寸、含水状态、受力方向、各侧压力下的各级轴向载荷及轴向变形、破坏载荷。

表 9.1　岩石的三轴压缩强度试验记录（一）

工程名称							试验者		
取样位置							计算者		
试验日期							校核者		
仪器名称及编号									

岩石名称	试件编号	受力方向	含水状态	试件尺寸			侧向应力/MPa	最大破坏载荷/N	轴向应力/MPa	备注
				平均直径/mm	平均高度/mm	横截面积/mm²				

试件描述
岩石描述： 加载方向与层理、节理、裂隙的关系： 含水状态及所使用的方法： 试件加工中出现的现象： 试件破坏形态：

表 9.2　岩石的三轴压缩强度试验记录（二）

工程名称							试验者					
取样位置							计算者					
试验日期							校核者					
仪器名称及编号							侧向应力					

时间			轴向加载		测微表			电阻应变仪						体积应变	备注
								纵向应变			横向应变				
时	分	秒	载荷/N	轴向应力/MPa	测量值			仪器变形/mm	试件变形/mm	测量值			平均	测量值			平均		

(表格空白行)

探索思考题

三轴压缩试验可求得哪些力学性质参数？研究三向应力条件下的岩石力学性质有什么实际意义？

岩块声波速度测试试验

岩块声波测试是采用带示波器的岩石声波参数测试仪，测定超声波的纵、横波在岩石试件中的传播时间，据此计算岩块中声波传播速度。

工程案例

某核电站一期工程地基岩体的岩性为中、上元古界海洲群云台组上段（P_{t2}^{sy3}）含岩块二长浅粒岩，其主要成分为石英（60%）、钾长石（20%）、钠长石（10%）、其他暗色矿物（约10%）。开挖至基础设计标高后，岩石风化状态全部为微风化新鲜、块状结构、完整状态。主要结构面为节理裂隙，分为2组。其相关的物理力学性质指标见表10.1。

表 10.1 某地基岩体物理力学性质指标

取值方法	密度 /(g·cm^{-3})	相对密度	吸水率 /%	饱水率 /%	单轴抗压强度 /MPa	静弹性模量 /10^{3}MPa	泊松比	黏聚力 /kPa	内摩擦角 /(°)
平均值	2.63	2.64	0.178	0.220	145.9	54.51	0.224	14.75	66.69
标准差	0.008	0.008	0.037	0.037	34.5	8.9	0.15	4.65	2.77
变异系数	0.003	0.003	0.208	0.168	0.236	0.163	0.223	0.31	0.04
标准值	2.63	2.64	0.191	0.232	89.10	51.34	0.22	13.04	65.68

对地基岩体进行了室内岩块声波测试。室内岩块声波测试选取的样品为 ϕ76 双管单动金刚石钻具钻取的岩心，岩心直径 54mm，长度一般大于 12cm，采用声速法测试，声脉冲频率为 200kHz。共完成 27 组，所选取的样品均为饱和试样，且在肉眼下矿物成分及结构基本均一，不含任何可见结构面。测试结果统计表明，饱和试件的平均纵波波速为 5652m/s，平均横波速度为 3215m/s。

> **?** 请计算岩石的动弹性模量、动剪切模量及动泊松比。
> 试比较动弹性模量与静弹性模量是否相同？若不同，分析其原因。

试验目的

测试声波在岩块中的传播速度及岩块的动弹性参数。

📖 **试验方法**

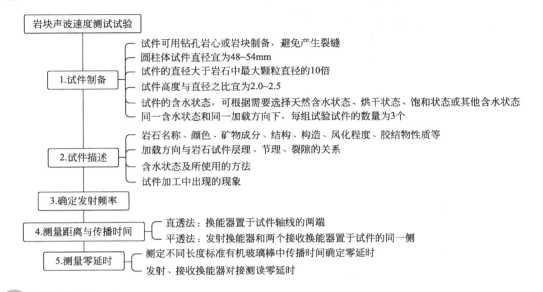

📖 **适用范围**

能制成规则试件的岩石均可采用岩块声波速度测试。

📖 **试验要求**

距离准确至 $1mm$，时间准确至 $0.1\mu s$。

📖 **注意事项（试验要点）**

① 本测试试件采用单轴抗压强度试验的试件，这是为了便于建立各指标间的相互关系。如只进行岩块声波速度测试，也可采用其他型式试件。

② 试验时应尽量使换能器与试件密合，否则会导致接收到的波形模糊不清，可适当施加压力，直至接收到的波形清晰为止。

③ 准确识别纵、横波的初至时间是岩石声波测试的关键，纵波幅值较小而且是最先到达的波，初至时间容易读准；横波在后，要准确识别其初至位置，可采用专用横波换能器。

④ 采用直达波法布置换能器时必须将换能器的中心布置在试件的轴线上，并且将换能器与试件压紧，挤出多余的耦合剂，以减少耦合层厚度对测试成果的影响。

⑤ 折射波法测试横波速度时，如果使用切变振动模式换能器，必须保持收、发换能器的振向一致，折射波法的两换能器应布置在试件的同一侧面。

10.1 试验原理

岩块声波速度测试是测定声波的纵、横波在试件中传播的时间，据此计算声波在岩块中的传播速度及岩块的动弹性参数。

10.2 试件制备

（1）试件制备及运输要求

试件可用钻孔岩心或岩块制备。试样在采取、运输和制备过程中，避免产生裂缝。

（2）试件尺寸的规定

① 圆柱体试件直径宜为 48～54mm。
② 试件的直径应大于岩石中最大颗粒直径的 10 倍。
③ 试件高度与直径之比宜为 2.0～2.5。

（3）试件精度的要求

① 试件两端面不平行度误差不得大于 0.05mm。
② 沿试件高度，直径误差不得大于 0.3mm。
③ 端面垂直于试件轴线，偏差不得大于 0.25°。

（4）试验的含水状态

可根据需要选择天然含水状态、烘干状态、饱和状态或其他含水状态。

（5）试件数量

同一含水状态和同一加载方向下，每组试验试件的数量为 3 个。

10.3 试件描述

① 岩石名称、颜色、矿物成分、结构、构造、风化程度、胶结物性质等。
② 加载方向与岩石试件层理、节理、裂隙的关系。
③ 含水状态及所使用的方法。
④ 试件加工中出现的现象。

10.4 仪器设备

① 钻石机、锯石机、磨石机、车床等。
② 测量平台。

③ 岩石超声波参数测定仪（图 10.1）。

④ 纵、横波换能器。

⑤ 测试架。

图 10.1　岩石超声波参数测定仪

应检查仪器接头性状、仪器接线情况以及开机后仪器和换能器的工作状态。

10.5　操作步骤

★【思考】为什么要将发射、接收换能器对接测读零延时？

（1）确定发射频率

发射换能器的发射频率应符合下式要求

$$f \geqslant \frac{2v_p}{D} \tag{10.1}$$

式中　f——发射换能器发射频率，Hz；

　　　v_p——岩石纵波速度，m/s；

　　　D——试件的直径，m。

（2）选择耦合剂

测试纵波速度时，耦合剂可采用凡士林或黄油；测试横波速度时，耦合剂可采用铝箔、铜箔或水杨酸苯脂等固体材料。

（3）测量换能器距离与纵波或横波传播时间

① 直透法：换能器应置于试件轴线的两端。对非受力状态下的直透法测试，应将试件置于测试架上，换能器应置于试件轴线的两端，并应量测两换能器中心距离如图 10.2。应

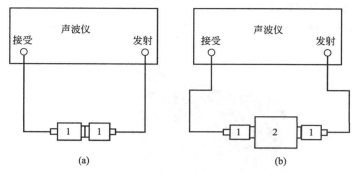

图 10.2　试件的纵波测试示意
1—换能器；2—岩石试件

对换能器施加约 0.05MPa 的压力，测读纵波或横波在试件中传播时间。受力状态下的测试，宜与单轴压缩变形试验同时进行。

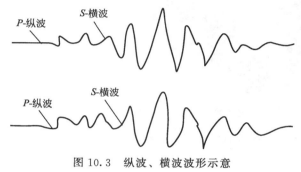

图 10.3　纵波、横波波形示意

②平透法：发射换能器和两个接收换能器置于试件的同一侧。需要采用平透法测试时，应将一个发射换能器和两个（或两个以上）接收换能器置于试件的同一侧的一条直线上，应量测发射换能器中心至每一接收换能器中心的距离，并应测读纵波或横波在试件中传播时间（波形图中纵波、横波初至位置如图 10.3）。

（4）测量零延时

直透法测试结束后，应测定声波在不同长度的标准有机玻璃棒中的传播时间，应绘制时距曲线，以确定仪器系统的零延时。也可将发射、接收换能器对接测读零延时如图 10.2。距离准确至 1mm，时间准确至 0.1μs。

★【注意】使用切变振动模式的横波换能器时，收、发换能器的振动方向一致。

10.6　试验成果整理

（1）岩石纵波速度、横波速度

应分别按下列公式计算

$$v_p = \frac{L}{t_p - t_0} \tag{10.2}$$

$$v_s = \frac{L}{t_s - t_0} \tag{10.3}$$

$$v_p = \frac{L_2 - L_1}{t_{p2} - t_{p1}} \tag{10.4}$$

$$v_s = \frac{L_2 - L_1}{t_{s2} - t_{s1}} \qquad\qquad (10.5)$$

式中　v_p——纵波速度，m/s；

　　　v_s——横波速度，m/s；

　　　L——发射、接收换能器中心间的距离，m；

　　　t_p——直透法纵波的传播时间，s；

　　　t_s——直透法横波的传播时间，s；

　　　t_0——仪器系统的零延时，s；

　　L_1、L_2——平透法发射换能器至第一（二）个接收换能器两中心的距离，m；

　　t_{p1}、t_{s1}——平透法发射换能器至第一个接收换能器纵（横）波的传播时间，s；

　　t_{p2}、t_{s2}——平透法发射换能器至第二个接收换能器纵（横）波的传播时间，s。

（2）岩石各种动弹性参数

应分别按下列公式计算

$$E_d = \rho v_p^2 \frac{(1+\mu)(1-2\mu)}{1-\mu_d} \times 10^{-3} \qquad\qquad (10.6)$$

$$E_d = 2\rho v_s^2 (1+\mu) \times 10^{-3} \qquad\qquad (10.7)$$

$$\mu_d = \frac{\left(\dfrac{v_p}{v_s}\right)^2 - 2}{2\left[\left(\dfrac{v_p}{v_s}\right)^2 - 1\right]} \qquad\qquad (10.8)$$

$$G_d = \rho v_s^2 \times 10^{-3} \qquad\qquad (10.9)$$

$$\lambda_d = \rho(v_p^2 - 2v_s^2) \times 10^{-3} \qquad\qquad (10.10)$$

$$K_d = \rho \frac{3v_p^2 - 4v_s^2}{3} \times 10^{-3} \qquad\qquad (10.11)$$

式中　E_d——岩石动弹性模量，MPa；

　　　μ_d——岩石动泊松比；

　　　G_d——岩石动刚性模量或动剪切模量，MPa；

　　　λ_d——岩石动拉梅系数，MPa；

　　　K_d——岩石动体积模量，MPa；

　　　ρ——岩石密度，g/cm³。

（3）计算精度

计算值应取三位有效数字。

（4）岩石声波速度测试记录

应包括工程名称、取样位置、试件编号、试件描述、试件尺寸、测试方法、换能器间的距离，声波传播时间，仪器系统零延时。

探索思考题

影响岩石动弹性模量的因素有哪些？为什么一般岩石的静弹性模量比动弹性模量小？

岩体变形试验（承压板法）

11

岩体变形参数测试方法有静力法和动力法。静力法是在选定的岩体表面槽壁或钻孔壁面上施加一定的荷载，并测定其变形；然后绘制出压力-变形曲线，计算岩体的变形参数的方法。静力法又可分为承压板法、狭缝法、钻孔变形法及水压法等。本书仅介绍承压板法。

📖 **工程案例**

某电厂基底地基承载力设计值均为 800kPa，基坑开挖深度约为 15m，基坑底部均为泥岩。该泥岩主要由黏土质和粉砂质构成。泥岩中央有薄层状泥质页岩，页理清晰，呈连续状分布于泥岩中。泥岩中节理裂隙较发育，节理面铁质浸染。泥岩表现出一定的膨胀性，吸水膨胀，失水干缩。膨胀的程度取决于岩石中黏土矿物的含量。泥岩样本为土褐色，含砂泥质结构，块状构造，与稀盐酸反应。镜下观察：岩石具粉砂黏土（泥）质结构，由黏土（泥）质 45%～50%、粉砂质 30%～35%、方解石（钙质）及少量白云石 15%、铁质 5%～6%组成。

为了进一步准确地获取该区域的软岩岩体变形参数，在现场进行了岩体变形试验。试验采用方形承压板，边长为 50cm。试验点用人工整体向下开挖约 40cm，清除表面松动层和凹凸不平处，使其在 60cm×60cm 的范围内，试验点表面起伏差小于承压板边长的 1%（即5mm），同时清理试验点表面，铺垫水泥浆，放置刚性承压板，轻叩承压板并挤压出多余水泥浆，使承压板平行试验点表面。水泥浆厚度小于承压板边长的 1%。为满足刚度要求，叠加钢板（厚 20mm）至承压板厚度为 12cm。在承压板上依次安装千斤顶、钢垫板、传力柱。

根据《工程岩体试验方法标准》（GB/T 50266—2013）3.1.14 款规定"试验最大压力不宜小于预定压力的 1.2 倍"，在满足设计 800kPa 要求的前提下，将现场岩体变形试验最大压力定为略高于设计值的 1.2 倍，取 1MPa，分 5 级采用逐级一次循环法进行。共对称布置 4个千分表进行位移记录。

试验加压前进行初始稳定读数观测，每隔 10min 读数一次，连续三次读数不变时开始加压试验，并将此读数作为观测表的初始读数值。试验过程中，每级压力加压或退压后立即读数，以后每隔 10min 读数一次，当刚性承压板上所有千分表相邻两次读数差与同级压力下第一次变形读数和前一级压力下最后一次变形读数差之比小于 5% 时，认为变形稳定，并进行退压。退压后的稳定标准，与加压时的稳定标准相同。退压稳定后，按上述步骤依次加压至最大压力，结束试验。该地基试验曲线图 11.1。

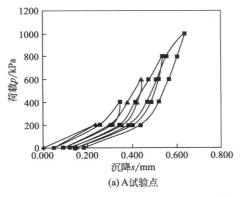

(a) A试验点

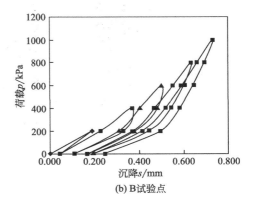

(b) B试验点

图 11.1　电厂岩体变形试验 $p\text{-}s$ 曲线

该试验点岩体相对完整，$p\text{-}s$ 曲线的加压曲线在压力 200kPa 时，全变形比较大，在后三个循环阶段（600kPa、800kPa 及 1000kPa），随着压力增大全变形基本稳定或者增幅有限，曲线后半段形成直线型曲线，高压段的岩体变形模量基本保持稳定。

表 11.1　试验点各级压力下岩体变形参数值

试验点编号	A 试验点		B 试验点	
变形参数	弹性模量/MPa	变形模量/MPa	弹性模量/MPa	变形模量/MPa
200kPa	426	341	759	576
400kPa	633	467	834	590
600kPa	754	544	974	652
800kPa	813	599	994	685
1000kPa	876	634	1115	741

❓ 请思考，为什么在压力 200kPa 时，岩体变形模量显著低于 600kPa、800kPa 及 1000kPa 压力下的岩体变形模量？

试验目的

测定岩体的变形参数，可为地基基础设计、路面设计、地下工程设计等工程应用提供参数。

试验方法

承压板法试验首先应进行试件制备与试点地质描述，具体方法如下：

```
试件制备与试点地质描述
│
├── 1.试件制备 ─┬── 试验地段开挖时，减少对岩体的扰动和破坏
│              │
│              ├── 试点受力方向宜与工程岩体实际受力方向一致，各向异性的岩体，
│              │    也可按要求的受力方向制备试点
│              │
│              ├── 加工的试点面积大于承压板，承压板的直径或边长不宜小于30cm
│              │
│              ├── 试点表层受扰动的岩体宜清除干净，试点表面修凿平整，表面起伏
│              │    差不宜大于承压板直径或边长的1%
│              │
│              ├── 承压板外1.5倍承压板直径范围以内的岩体表面平整，无松动岩块和石碴
│              │
│              ├── 试点中心至试验洞侧壁或顶底板的距离，大于承压板直径或边长的2.0倍；
│              │    试点中心至洞口或掌子面的距离，大于承压板直径或边长的2.5倍；试点
│              │    中心至临空面的距离，大于承压板直径或边长的6.0倍
│              │
│              ├── 两试点中心之间的距离，应大于承压板直径或边长的4.0倍
│              │
│              ├── 试点表面以下3.0倍承压板直径或边长深度范围内的岩体性质宜相同
│              │
│              ├── 试点的反力部位岩体能承受足够的反力，表面凿平
│              │
│              ├── 柔性承压板中心孔法采用钻孔轴向位移计进行深部岩体变形量测的试点，
│              │    应在试点中心垂直试点表面钻孔并取心，钻孔符合钻孔轴向位移计对钻孔
│              │    的要求，孔深不小于承压板直径的6.0倍。孔内残留岩心与石碴打捞干净，
│              │    孔壁应清洗，孔口应保护
│              │
│              └── 试点可在天然状态下试验，也可在人工泡水条件下试验
│
└── 2.试点地质描述 ─┬── 试验地段开挖、试体制备及出现的情况
                   │
                   ├── 岩石名称、结构及主要矿物成分
                   │
                   ├── 岩体结构面的类型、产状、宽度、延伸性、密度、充填物性质以及与
                   │    受力方向的关系等
                   │
                   ├── 试段岩体风化状态及地下水情况
                   │
                   └── 试验段地质展示图、试验段地质纵横剖面图、试点地质素描图和试点
                        中心钻孔柱状图
```

完成试件制备与试点地质描述后即可开始试验，具体试验步骤如下：

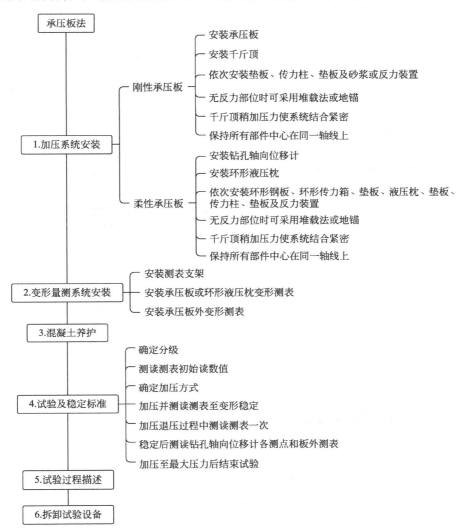

适用范围

　　承压板法试验按承压板性质，可采用刚性承压板或柔性承压板。各类岩体均可采用刚性承压板法试验，完整和较完整岩体也可采用柔性承压板法试验。

试验要求

　　① 由于岩体性质和试验要求不同，无法规定具体的量程和精度，因此，仅明确了试验必要的仪器和设备。
　　② 为了近似满足半无限体空间条件，试点的边界条件应符合下列要求：
　　试点中心至试验洞侧壁或顶底板的距离，大于承压板直径或边长的 2.0 倍；试点中心至洞口或掌子面的距离，大于承压板直径或边长的 2.5 倍；试点中心至临空面的距离，大于承压板直径或边长的 6.0 倍。
　　两试点中心之间的距离，应大于承压板直径或边长的 4.0 倍。
　　试点表面以下 3.0 倍承压板直径或边长深度范围内的岩体性质宜相同。

① 当刚性承压板刚性不足时，采用叠置垫板的方式增加承压板刚度。

② 对均质完整岩体，板外测点一般按平行和垂直试验洞轴线布置；对具明显各向异性的岩体，一般可按平行和垂直主要结构面走向布置。

③ 逐级一次循环加压时，每一循环压力需退零，使岩体充分回弹。当加压方向与地面不相垂直时，考虑安全的原因，允许保持一小压力，这时岩体回弹是不充分的，所计算的岩体弹性模量值可能偏大，在记录中予以说明。

④ 柔性承压板中心孔法变形试验中，由于岩体中应力传递至深部需要一定时间过程，稳定读数时间作适当延长，各测表同时读取变形稳定值。注意保护钻孔轴向位移计的引出线，不使异物掉入孔内。

⑤ 当试点距洞口的距离大于 30m 时，一般可不考虑外部气温变化对试验值的影响，但避免由于人为因素（人员、照明、取暖等）造成洞内温度变化幅度过大。通常要求试验期间温度变化范围为 ±1℃。当试点距离洞口较近时，需采取设置隔温门等措施。

⑥ 当测表因量程不足而需调表时，需读取调表前后的稳定读数值，并在计算中减去稳定读数值之差。如在试验中，因掉块等原因引起碰动，也可按此方法进行。

⑦ 刚性承压板法试验，用 4 个测表的平均值作为岩体变形计算值。当其中一个测表因故障或其他原因被判断为失效时，需采用另一对称的两个测表的平均值作为岩体变形计算值，并予以说明。

11.1　试验原理

承压板法岩体变形试验是通过刚性或柔性承压板局部加载于半无限空间岩体表面，测量岩体变形，按弹性理论公式计算岩体变形参数。

11.2　试件制备

（1）试件制备要求

试验地段开挖时，应减少对岩体的扰动和破坏。

（2）在岩体的预定部位加工试点的要求

① 试点受力方向宜与工程岩体实际受力方向一致。各向异性的岩体，也可按要求的受力方向制备试点。

② 加工的试点面积应大于承压板，承压板的直径或边长不宜小于 30cm。

③ 试点表层受扰动的岩体宜清除干净。试点表面应修凿平整，表面起伏差不宜大于承

压板直径或边长的 1％。

④ 承压板外 1.5 倍承压板直径范围以内的岩体表面应平整，应无松动岩块和石碴。

（3）试点的边界条件

① 试点中心至试验洞侧壁或顶底板的距离，应大于承压板直径或边长的 2.0 倍；试点中心至洞口或掌子面的距离，应大于承压板直径或边长的 2.5 倍；试点中心至临空面的距离，应大于承压板直径或边长的 6.0 倍。

② 两试点中心之间的距离，应大于承压板直径或边长的 4.0 倍。

③ 试点表面以下 3.0 倍承压板直径或边长深度范围内的岩体性质宜相同。

（4）试点反力部位岩体处理

试点的反力部位岩体应能承受足够的反力，表面应凿平。

（5）试点钻孔处理

柔性承压板中心孔法应采用钻孔轴向位移计进行深部岩体变形量测的试点，应在试点中心垂直试点表面钻孔并取心，钻孔应符合钻孔轴向位移计对钻孔的要求，孔深不应小于承压板直径的 6.0 倍。孔内残留岩心与石碴应打捞干净，孔壁应清洗，孔口应保护。

（6）试验条件

试点可在天然状态下试验，也可在人工泡水条件下试验。

11.3 试点地质描述

① 试段开挖和试点制备的方法以及出现的情况。

② 岩石名称、结构及主要矿物成分。

③ 岩体结构面的类型、产状、宽度、延伸性、密度、充填物性质，以及与受力方向的关系等。

④ 试段岩体风化状态及地下水情况。

⑤ 试验段地质展示图、试验段地质纵横剖面图、试点地质素描图和试点中心钻孔柱状图。

11.4 仪器设备

① 液压千斤顶。

② 环形液压枕。

③ 液压泵及管路。

④ 压力表。

⑤ 圆形或方形刚性承压板。

⑥ 垫板。

⑦ 环形钢板和环形传力箱。

⑧ 传力柱。

⑨ 反力装置。

⑩ 测表支架。

⑪ 变形测表。

⑫ 磁性表座。

⑬ 钻孔轴向位移计。

11.5 操作步骤

（1）刚性承压板法加压系统安装（图 11.2）

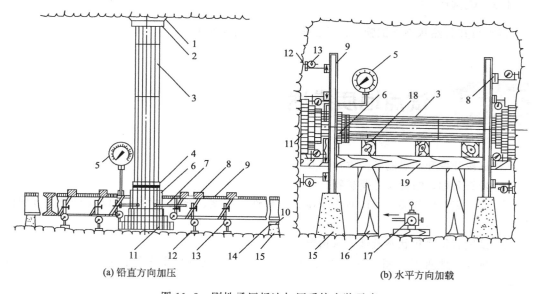

(a) 铅直方向加压　　　　　　　　(b) 水平方向加载

图 11.2　刚性承压板法加压系统安装示意

1—砂浆顶板；2—垫板；3—传力柱；4—圆垫板；5—标准压力表；6—液压千斤顶；7—高压管（接油泵）；
8—磁性表架；9—工字钢梁；10—钢板；11—刚性承压板；12—标点；13—千分表；14—滚轴；
15—混凝土支墩；16—木柱；17—油泵（接千斤顶）；18—木垫；19—木梁

① 安装承压板。应清洗试点岩体表面，铺垫一层水泥浆，放上刚性承压板，轻击承压板，并应挤出多余水泥浆，使承压板平行试点表面。水泥浆的厚度不宜大于承压板直径或边长的 1%，并应防止水泥浆内有气泡产生。

② 安装千斤顶。应在承压板上放置千斤顶，千斤顶的加压中心应与承压板中心重合。

③ 依次安装垫板、传力柱、垫板及砂浆或反力装置。应在千斤顶上依次安装垫板、传

力柱、垫板，在垫板和反力后座岩体之间填筑砂浆或安装反力装置。

④ 无反力部位时可采用堆载法或地锚。在露天场地或无法利用洞室顶板作为反力部位时，可采用堆载法或地锚作为反力装置。

⑤ 千斤顶稍加压力使系统结合紧密。安装完毕后，可启动千斤顶稍加压力，使整个系统结合紧密。

⑥ 保持所有部件中心在同一轴线上。加压系统应具有足够的强度和刚度，所有部件的中心应保持在同一轴线上并与加压方向一致。

（2）柔性承压板法加压系统安装（图11.3）

① 安装钻孔轴向位移计。进行中心孔法试验的试点，应在放置液压枕之前先在孔内安装钻孔轴向位移计。钻孔轴向位移计的测点布置，可按液压枕直径的 0.25、0.50、0.75、1.00、1.50、2.00、3.00 倍的钻孔不同深度进行，但孔口及孔底应设测点或固定点。

② 安装环形液压枕。应清洗试点岩体表面，铺垫一层水泥浆，应放置两面凹槽已用水泥砂浆填平并经养护的环形液压枕，并挤出多余水泥浆，应使环形液压枕平行试点表面。水泥浆的厚度不宜大于1cm，应防止水泥浆内有气泡产生。

③ 依次安装环形钢板、环形传力箱、垫板、液压枕、垫板、传力柱、垫板及反力装置。应在环形液压枕上放置环形钢板和环形传力箱，并应依次安装垫板、液压枕或千斤顶、垫板、传力柱、垫板，在垫板和反力部位之间填筑砂浆或安装反力装置。

④ 无反力部位时可采用堆载法或地锚。在露天场地或无法利用洞室顶板作为反力部位时，可采用堆载法或地锚作为反力装置。

⑤ 千斤顶稍加压力使系统结合紧密。安装完毕后，可启动千斤顶稍加压力，使整个系统结合紧密。

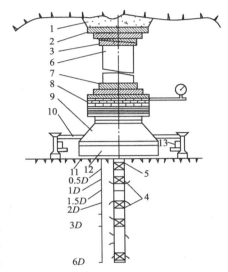

图11.3　柔性承压板中心孔法
试验安装示意图

1—混凝土顶板；2—钢板；3—斜垫板；4—多点位移计；5—锚头；6—传力柱；7—测力枕；8—加压枕；9—环形传力箱；10—测架；11—环形传力枕；12—环形钢板；13—小螺旋顶

⑥ 保持所有部件中心在同一轴线上。加压系统具有足够的强度和刚度，所有部件的中心应保持在同一轴线上并与加压方向一致。

（3）变形量测系统安装

① 安装测表支架。在承压板或液压枕两侧应各安放测表支架1根，测表支架应满足刚度要求，支承形式宜为简支。支架的支点应设在距承压板或液压枕中心2.0倍直径或边长以外，可采用浇筑在岩面上的混凝土墩作为支点。应防止支架在试验过程中产生沉陷。

② 安装承压板或环形液压枕变形测表。在测表支架上应通过磁性表座安装变形测表。刚性承压板法试验应在承压板上对称布置4个测表，柔性承压板法试验应在环形液压枕中心表面上布置1个测表。

③ 安装承压板外变形测表。根据需要，可在承压板外试点的影响范围内，通过承压板中心且相互垂直的两条轴线上对称布置若干测表。

（4）混凝土养护

安装时浇筑的水泥浆和混凝土应进行养护。

（5）试验及稳定标准

① 确定分级。试验最大压力不宜小于预定压力的 1.2 倍。压力宜分为 5 级，应按最大压力等分施加。

② 测读测表初始读数值。加压前应对测表进行初始稳定读数观测，每隔 10min 同时测读各测表一次，连续三次读数不变，可开始加压试验，并应将此读数作为各测表的初始读数值。钻孔轴向位移计各测点及板外测表观测，可在表面测表稳定不变后进行初始读数。

③ 确定加压方式。加压方式宜采用逐级一次循环法。根据需要，可采用逐级多次循环法，或大循环法（图 11.4）。

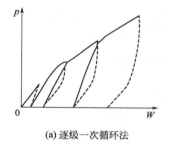 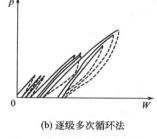 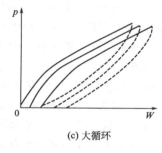

(a) 逐级一次循环法　　　　(b) 逐级多次循环法　　　　(c) 大循环

图 11.4　加压方式示意图

④ 加压并测读测表至变形稳定。每级压力加压后应立即读数，以后每隔 10min 读数一次，当刚性承压板上所有测表或柔性承压板中心岩面上的测表，相邻两次读数差与同级压力下第一次变形读数和前一级压力下最后一次变形读数差之比小于 5% 时，可认为变形稳定，并应进行退压。退压后的稳定标准，应与加压时的稳定标准相同。

⑤ 加压退压过程中测读测表一次。在加压、退压过程中，均应测读相应过程压力下测表读数一次。

⑥ 稳定后测读钻孔轴向位移计各测点和板外测表。钻孔轴向位移计各测点、板外测表可在读数稳定后读取读数。

⑦ 加压至最大压力后结束试验。按上述步骤依次加压至最大压力，可结束试验。

（6）试验过程描述

试验时应对加压设备和测表运行情况、试点周围岩体隆起和裂缝开展、反力部位掉块和变形等进行记录和描述。试验期间，应控制试验环境温度的变化，露天场地进行试验时宜搭建专门试验棚。

（7）拆卸试验设备

试验结束后，应及时拆卸试验设备。必要时，可在试点处切槽检查。

11.6 试验成果整理

（1）刚性承压板法岩体弹性（变形）模量

应按下式计算

$$E = I_0 \frac{(1-\mu^2)pD}{W} \tag{11.1}$$

式中　E——岩体弹性（变形）模量，MPa，当以总变形 W_0 代入式中计算的为变形模量 E_0，当以弹性变形 W_e 代入式中计算的为弹性模量 E；

　　W——岩体变形，cm；

　　p——按承压板面积计算的压力，MPa；

　　I_0——刚性承压板的形状系数，圆形承压板取 0.785，方形承压板取 0.886；

　　D——承压板直径或边长，cm；

　　μ——岩体泊松比。

（2）柔性承压板法试验量测岩体表面变形时，岩体弹性（变形）模量

应按下式计算

$$E = \frac{(1-\mu^2)p}{W} \times 2(r_1 - r_2) \tag{11.2}$$

式中　r_1、r_2——分别为环形柔性承压板的有效外半径和内半径，cm；

　　W——柔性承压板中心岩体表面变形，cm。

（3）柔性承压板法试验量测中心孔深部变形时，岩体弹性（变形）模量

分别按下列公式计算

$$E = \frac{p}{W_z} K_z \tag{11.3}$$

$$K_z = 2(1-\mu^2)\left(\sqrt{r_1^2 + Z^2} - \sqrt{r_2^2 + Z^2}\right) - (1+\mu)\left(\frac{Z^2}{\sqrt{r_1^2 + Z^2}} - \frac{Z^2}{\sqrt{r_2^2 + Z^2}}\right) \tag{11.4}$$

式中　W_z——深度为 Z 处的岩体变形，cm；

　　Z——测点深度，cm；

　　K_z——与承压板尺寸、测点深度和泊松比有关的系数，cm。

（4）两点之间岩体弹性（变形）模量

当柔性承压板中心孔法试验量测到不同深度两点的岩体变形值时，两点之间岩体弹性（变形）模量应按下式计算

$$E = \frac{p(K_{Z1} - K_{Z2})}{W_{Z1} - W_{Z2}} \tag{11.5}$$

式中　W_{Z1}、W_{Z2}——深度分别为 Z_1 和 Z_2 处的岩体变形，cm；

K_{Z1}、K_{Z2}——深度分别为 Z_1 和 Z_2 处的相应系数，cm。

（5）基准基床系数

当方形刚性承压板边长为 30cm 时，基准基床系数按下式计算

$$K_v = \frac{p}{W} \tag{11.6}$$

式中　K_v——基准基床系数，kN/m^2。

　　　　p——按方形刚性承压板计算的压力，kN/m^2；

　　　　W——岩体变形，cm。

（6）绘制曲线

应绘制压力与变形关系曲线、压力与变形模量和弹性模量及基准基床系数关系曲线。中心孔法试验应绘制不同压力下沿中心孔深度与变形关系曲线。

（7）承压板法岩体变形试验记录

应包括工程名称、试点编号、试点位置、试验方法、试点描述、压力表和千斤顶（液压枕）编号、承压板尺寸、测表布置及编号、各级压力下的测表读数。

探索思考题

承压板法试验与单轴压缩试验、三轴压缩试验等室内试验相比，有何优缺点？

岩体结构面直剪试验

岩体结构面抗剪强度是影响岩体稳定性的重要指标，由于岩体结构面直剪试验考虑了岩体结构及其结构面的影响，因此其试验结果较室内试验更符合实际。

工程案例

某建筑边坡（图 12.1）长 28m、高 0～4.6m，坡向 215°、坡度 54°。边坡主要为薄-中厚层状中风化灰岩组成的岩质边坡，岩层产状为 228°∠30°，边坡岩体较完整，上部分布厚度较小的硬塑黏土，坡顶无重要建筑。

图 12.1 边坡部分开挖

主要节理产状及其基本特征（图 12.2）为：

① J1：10°～20°∠70°～80°，未见明显张开，起伏粗糙、连通较差、延展有限，基本无充填；

② J2：80°～90°∠70°～80°，未见明显张开，起伏粗糙、连通较差、延展有限，基本无充填。

按岩质边坡坡向 215°、坡度 54°，岩层层面产状 228°∠30°，J1 组节理面产状 10°∠70°，J2 组节理面产状 90°∠70°绘制赤平投影图（图 12.3）定性分析如下。

根据赤平投影分析，岩层层面倾向与边坡坡向夹角为 13°，岩层层面对边坡构成顺向坡，边坡有沿岩层层面滑动的可能；J1 和 J2 组节理面与边坡坡向夹角大于 90°，J1 和 J2 组节理面对边坡构成逆向坡，边坡沿 J1 和 J2 组节理面滑动的可能性较小。岩层层面与 J1 及 J2 组节理面、J1 组节理面与 J2 组节理面形成的楔形体对边坡稳定性有一定影响。

以层面为潜在破坏面计算边坡稳定性。边坡坡顶分布厚度较小的硬塑黏土，将黏土按其重

图 12.2　边坡发育节理

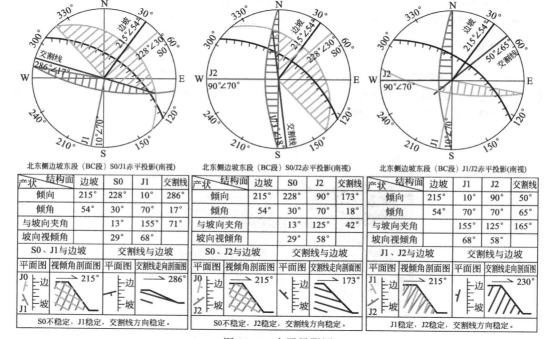

图 12.3　赤平投影图

度×高度的坡顶荷载作用在边坡顶部，边坡沿层面平面滑动，层面在剖面上的视倾角为 22°，穿过坡脚的潜在滑面长度为 11.9m，单位宽度潜在滑体重量为 429.2kN/m，计算简图如图 12.4。

对岩体层面进行结构面直剪试验，测得结构面的内摩擦角为 27°，黏聚力为 90kPa。

不考虑降水与地震的影响，自然工况下，平面滑动稳定性系数计算公式如下：

$$F=\frac{G\cos\theta\tan\varphi+cL}{G\sin\theta}\tag{12.1}$$

式中　c——滑面的黏聚力，kPa；

φ——滑面的内摩擦角，(°)；

L——滑面长度，m；

G——滑体单位宽度自重，kN/m；

θ——滑面倾角，(°)。

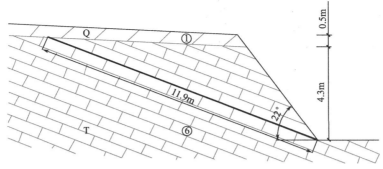

图 12.4　边坡稳定性计算简图

> ❓ 本案例中滑面的黏聚力，取 90.0kPa；滑面的内摩擦角，取 27°；滑面长度，取 11.9m；滑体单位宽度自重，取 429.2kN/m；滑面倾角，取 22°，请计算该边坡的稳定性系数。
>
> 　　若由于测试错误，导致测得的层面的结构面内摩擦角产生了 10% 的误差，即测得结构面内摩擦角为 81.0°，请计算该边坡的稳定性系数。并分析由于岩石结构面抗剪强度测试误差，导致边坡的稳定性系数计算出现了多大的误差？

📖 试验目的

　　测定岩体的剪切强度参数，为岩质边坡稳定性分析、大坝基础稳定性分析、地下洞室围岩稳定性分析，特别是在一些大型工程的详勘阶段提供参数。

📖 试验方法

（1）试件制备与地质描述

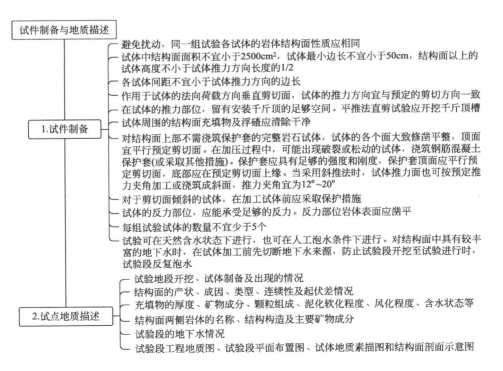

（2）试验设备安装

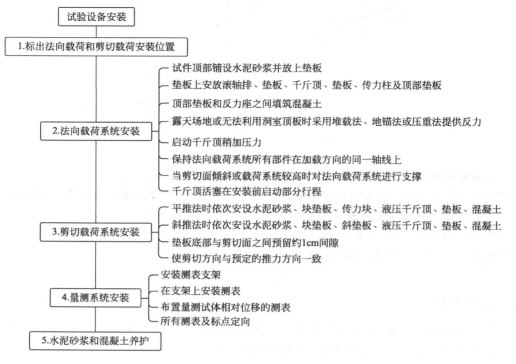

```
                    试验设备安装
                          |
    ┌─────────────────────┴────────────────────────┐
  1.标出法向载荷和剪切载荷安装位置
                          |
                          ├── 试件顶部铺设水泥砂浆并放上垫板
                          ├── 垫板上安放滚轴排、垫板、千斤顶、垫板、传力柱及顶部垫板
                          ├── 顶部垫板和反力座之间填筑混凝土
  2.法向载荷系统安装 ───────┼── 露天场地或无法利用洞室顶板时采用堆载法、地锚法或压重法提供反力
                          ├── 启动千斤顶稍加压力
                          ├── 保持法向载荷系统所有部件在加载方向的同一轴线上
                          ├── 当剪切面倾斜或载荷系统较高时对法向载荷系统进行支撑
                          └── 千斤顶活塞在安装前启动部分行程
                          |
                          ├── 平推法时依次安设水泥砂浆、块垫板、传力块、液压千斤顶、垫板、混凝土
  3.剪切载荷系统安装 ───────┼── 斜推法时依次安设水泥砂浆、块垫板、斜垫板、液压千斤顶、垫板、混凝土
                          ├── 垫板底部与剪切面之间预留约1cm间隙
                          └── 使剪切方向与预定的推力方向一致
                          |
                          ├── 安装测表支架
  4.量测系统安装 ──────────┼── 在支架上安装测表
                          ├── 布置量测试体相对位移的测表
                          └── 所有测表及标点定向
                          |
  5.水泥砂浆和混凝土养护
```

（3）对于无充填物的结构面或充填岩块岩屑的结构面的直剪试验

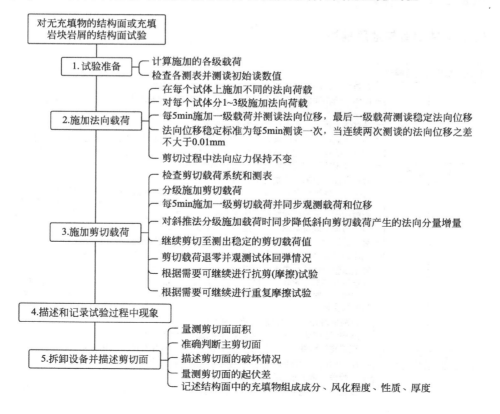

```
        对无充填物的结构面或充填
        岩块岩屑的结构面试验
                          |
                          ├── 计算施加的各级载荷
  1.试验准备 ─────────────┼── 检查各测表并测读初始读数值
                          |
                          ├── 在每个试体上施加不同的法向荷载
                          ├── 对每个试体分1~3级施加法向荷载
  2.施加法向载荷 ──────────┼── 每5min施加一级载荷并测读法向位移，最后一级载荷测稳定法向位移
                          ├── 法向位移稳定标准为每5min测读一次，当连续两次测读的法向位移之差
                          │   不大于0.01mm
                          └── 剪切过程中法向应力保持不变
                          |
                          ├── 检查剪切载荷系统和测表
                          ├── 分级施加剪切载荷
                          ├── 每5min施加一级剪切载荷并同步观测载荷和位移
  3.施加剪切载荷 ──────────┼── 对斜推法分级施加载荷时同步降低斜向剪切载荷产生的法向分量增量
                          ├── 继续剪切至测出稳定的剪切载荷值
                          ├── 剪切载荷退零并观测试体回弹情况
                          ├── 根据需要可继续进行抗剪(摩擦)试验
                          └── 根据需要可继续进行重复摩擦试验
                          |
  4.描述和记录试验过程中现象
                          |
                          ├── 量测剪切面面积
                          ├── 准确判断主剪切面
  5.拆卸设备并描述剪切面 ────┼── 描述剪切面的破坏情况
                          ├── 量测剪切面的起伏差
                          └── 记述结构面中的充填物组成成分、风化程度、性质、厚度
```

（4）对于充填物含泥的结构面的直剪试验

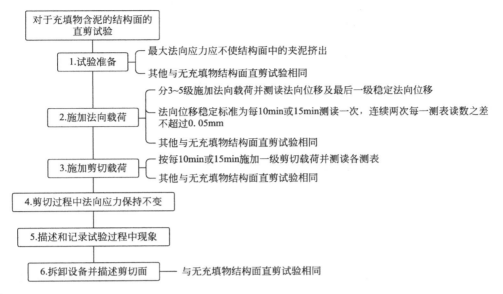

对于充填物含泥的结构面的直剪试验

1.试验准备
— 最大法向应力应不使结构面中的夹泥挤出
— 其他与无充填物结构面直剪试验相同

2.施加法向载荷
— 分3~5级施加法向载荷并测读法向位移及最后一级稳定法向位移
— 法向位移稳定标准为每10min或15min测读一次，连续两次每一测表读数之差不超过0.05mm
— 其他与无充填物结构面直剪试验相同

3.施加剪切载荷
— 按每10min或15min施加一级剪切载荷并测读各测表
— 其他与无充填物结构面直剪试验相同

4.剪切过程中法向应力保持不变

5.描述和记录试验过程中现象

6.拆卸设备并描述剪切面
— 与无充填物结构面直剪试验相同

适用范围

岩体结构面直剪试验可采用平推法或斜推法。各类岩体结构面均可采用平推法或斜推法。

试验要求

由于岩体性质和试验要求不同，无法规定具体的量程和精度，因此，仅明确了试验必要的仪器和设备。

注意事项（试验要点）

（1）试件在剪切过程中，会出现上抬现象，一般称为"扩容"现象，在安装法向载荷液压千斤顶时，启动部分行程以适应试件上抬引起液压千斤顶活塞的压缩变形。

（2）在确定最大法向载荷时，对软弱结构面应以充填物不被挤出为限。若充填物被挤出，就改变了软弱结构面的性状。

（3）平推法试验的最佳受力条件是推力中心线通过剪切面，但这在制备试体和安装时均较困难；推力中心线与剪切面的间距过大，在施加推力时受力上会产生过大的力矩。试验中应尽量使推力中心线与剪切面接近。

（4）安装加载系统时，使法向载荷与剪切载荷的合力作用点位于剪切面中心，是确保试验质量的重要环节。法向载荷中心线垂直剪切面并通过其中心，剪切载荷中心线与法向载荷中心线在剪切面中心相交，可最大限度地改善剪切面的受力条件，避免产生弯矩，使剪切面上应力分布比较均匀。

（5）采用斜推法进行试验时，斜向推力中心线与剪切面的夹角可在 $12°\sim17°$ 范围内选用，推荐选用 $15°$。预先计算施加斜向剪切载荷在试件剪切时产生的法向分载荷，并相应减除施加在试件上的法向载荷，以保持法向应力在试验过程中始终为一常数。

（6）试验过程中所发生的各种现象应进行详细描述，试验结束后翻转试体准确测量剪切面积，详细描述破坏情况，这些资料有助于对试验结果和破坏机理进行分析。

12.1　试验原理

直剪试验是将同一类型的一组试件在不同的法向载荷下进行剪切，根据库伦-奈维表达式确定抗剪强度参数。

12.2　试件制备

（1）试件取样

试验地段开挖时，应减少对岩体结构面产生扰动和破坏。同一组试验各试体的岩体结构面性质应相同。

（2）试件要求

应在探明岩体中结构面部位和产状后，在预定的试验部位加工试体。试体应符合下列要求：

① 试体中结构面面积不宜小于 2500cm²，试体最小边长不宜小于 50cm，结构面以上的试体高度不应小于试体推力方向长度的 1/2。

② 各试体间距不宜小于试体推力方向的边长。

③ 作用于试体的法向载荷方向垂直剪切面，试体的推力方向宜与预定的剪切方向一致。

④ 在试体的推力部位，应留有安装千斤顶的足够空间。平推法直剪试验应开挖千斤顶槽。

⑤ 试体周围的结构面充填物及浮碴，应清除干净。

⑥ 对结构面上部不需浇筑保护套的完整岩石试体，试体的各个面大致修凿平整，顶面宜平行预定剪切面。在加压过程中，可能出现破裂或松动的试体，应浇筑钢筋混凝土保护套（或采取其他措施）。保护套应具有足够的强度和刚度，保护套顶面应平行预定剪切面，底部应在预定剪切面上缘。当采用斜推法时，试体推力面也可按预定推力夹角加工或浇筑成斜面，推力夹角宜为 12°～20°。

⑦ 对于剪切面倾斜的试体，在加工试体前应采取保护措施。

（3）试体的反力部位

试体的反力部位，应能承受足够的反力。反力部位岩体表面应凿平。

（4）试体数量

每组试验试体的数量不宜少于 5 个。

（5）试验条件

试验可在天然含水状态下进行，也可在人工泡水条件下进行。对结构面中具有较丰富的地下水时，在试体加工前应先切断地下水来源，防止试验段开挖至试验进行时，试验段反复泡水。

12.3 试点地质描述

① 试验地段开挖、试体制备及出现的情况。
② 结构面的产状、成因、类型、连续性及起伏差情况。
③ 充填物的厚度、矿物成分、颗粒组成、泥化软化程度、风化程度、含水状态等。
④ 结构面两侧岩体的名称、结构构造及主要矿物成分。
⑤ 试验段的地下水情况。
⑥ 试验段工程地质图、试验段平面布置图、试体地质素描图和结构面剖面示意图。

12.4 仪器设备

① 液压千斤顶。
② 液压泵及管路。
③ 压力表。
④ 垫板。
⑤ 滚轴排。
⑥ 传力柱。
⑦ 传力块。
⑧ 斜垫板。
⑨ 反力装置。
⑩ 测表支架。
⑪ 磁性表座。
⑫ 位移测表。

12.5 操作步骤

★【思考】在试验过程中，如何保证结构面上不产生弯矩？

12.5.1　试验设备安装

（1）标出法向载荷和剪切载荷安装位置

应标出法向载荷和剪切载荷的安装位置（见图 12.5）。应按照先安装法向载荷系统后安装剪切载荷系统以及量测系统的顺序进行。

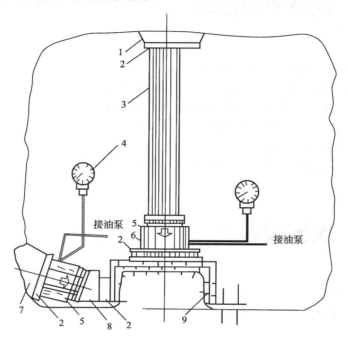

图 12.5　岩体抗剪强度试验安装示意图

1—砂浆顶板；2—钢板；3—传力柱；4—压力表；5—液压千斤顶；6—滚轴排；
7—混凝土后座；8—斜垫板；9—钢筋混凝土保护罩

（2）法向载荷系统安装

① 在试件顶部应铺设一层水泥砂浆，并放上垫板，应轻击垫板，使垫板平行预定剪切面。试件顶部也可铺设橡皮板或细砂，再放置垫板。

② 在垫板上依次安放滚轴排、垫板、千斤顶、垫板、传力柱及顶部垫板。

③ 在顶部垫板和反力座之间填筑混凝土（或砂浆）或安装反力装置。

④ 在露天场地或无法利用洞室顶板作为反力部位时，可采用堆载法或地锚作为反力装置。当法向载荷较小时，也可采用压重法。

⑤ 安装完毕后，可启动千斤顶稍加压力，应使整个系统结合紧密。

⑥ 整个法向载荷系统的所有部件，应保持在加载方向的同一轴线上，并应垂直预定剪切面。法向载荷的合力应通过预定剪切面的中心。

⑦ 法向载荷系统应具有足够的强度和刚度。当剪切面为倾斜或载荷系统超过一定高度时，应对法向载荷系统进行支撑。

⑧ 液压千斤顶活塞在安装前应启动部分行程。

（3）剪切载荷系统安装

① 采用平推法进行直剪试验时，在试体受力面应用水泥砂浆粘贴一块垫板，垫板应垂直预定剪切面。在垫板后依次安放传力块、液压千斤顶、垫板。在垫板和反力座之间填筑混凝土（或砂浆）。

② 采用斜推法进行直剪试验时，当试体受力面为垂直预定剪切面时，在试体受力面应用水泥砂浆粘贴一块垫板，垫板应垂直预定剪切面，在垫板后依次安放斜垫板、液压千斤顶、垫板、滚轴排、垫板；当试体受力面为斜面时，在试体受力面应用水泥砂浆粘贴一块垫板，垫板与预定剪切面的夹角应等于预定推力夹角，在垫板后应依次安放传力块、液压千斤顶、垫板、滚轴排、垫板。在垫板和反力座之间填筑混凝土（或砂浆）。

③ 在试体受力面粘贴垫板时，垫板底部与剪切面之间，应预留约 1cm 间隙。

④ 安装剪切载荷千斤顶时，应使剪切方向与预定的推力方向一致，其轴线在剪切面上的投影，应通过预定剪切面中心。平推法剪切载荷作用轴线平行预定剪切面，轴线与剪切面的距离不宜大于剪切方向试体边长的 5%；斜推法剪切载荷方向应按预定的夹角安装，剪切载荷合力的作用点应通过预定剪切面的中心。

（4）量测系统安装

① 安装测表支架。安装量测试体绝对位移的测表支架，应牢固地安放在支点上，支架的支点应在变形影响范围以外。

② 在支架上安装测表。在支架上通过磁性表座安装测表。在试体的对称部位应分别安装剪切和法向位移测表，每种测表的数量不宜少于 2 只。

③ 布置量测试体相对位移的测表。根据需要，在试体与基岩表面之间，可布置量测试体相对位移的测表。

④ 所有测表及标点定向。所有测表及标点应予以定向，应分别垂直或平行预定剪切面。

（5）水泥砂浆和混凝土养护

应对安装时所浇筑的水泥砂浆和混凝土进行养护。

12.5.2 对于无充填物的结构面或充填岩块、岩屑的结构面的直剪试验

（1）试验准备

① 计算施加的各级载荷。根据液压千斤顶率定曲线和试体剪切面积，计算施加的各级载荷与压力表读数。

② 检查各测表的工作状态，测读初始读数值。

（2）施加法向载荷

① 应在每个试体上施加不同的法向载荷，可分别为最大法向载荷的等分值。剪切面上的最大法向应力不宜小于预定的法向应力。

② 对于每个试体，法向载荷宜分 1～3 级施加，分级可视法向应力的大小和岩性而定。

③ 加载采用时间控制，应每 5min 施加一级载荷，加载后应立即测读每级载荷下的法向

位移，5min 后再测读一次，即可施加下一级载荷。在最后一级载荷作用下，要求法向位移值相对稳定。

④ 法向位移稳定标准可视充填物的厚度和性质而定，应每 5min 测读一次，当连续两次测读的法向位移之差不大于 0.01mm 时，可视为稳定，可施加剪切载荷。

⑤ 在剪切过程中，应使法向应力始终保持为常数。

（3）施加剪切载荷

① 检查剪切载荷系统和测表。剪切载荷施加前，应对剪切载荷系统和测表进行检查，必要时进行调整。

② 分级施加剪切载荷。应按预估的最大剪切载荷分 8～12 级施加。当施加剪切载荷引起的剪切位移明显增大时，可适当增加剪切载荷分级。

③ 剪切载荷的施加方法采用时间控制。每 5min 施加一级，应在每级载荷施加前后对各位移测表测读一次。接近剪断时，密切注视和测读载荷变化情况及相应的位移，载荷及位移应同步观测。

④ 对斜推法分级施加载荷时同步降低斜向剪切载荷产生的法向分量增量。采用斜推法分级施加载荷时，为保持法向应力始终为一常数，应同步降低因施加斜向剪切载荷而产生的法向分量的增量。

作用于剪切面上的总法向载荷按下式计算：

$$P = P_0 - Q\sin\alpha \tag{12.2}$$

式中　P——作用于剪切面上的总法向载荷，N；

　　　P_0——试验开始时作用于剪切面上的总法向载荷，N；

　　　Q——试验时的各级总斜向剪切载荷，N；

　　　α——斜向剪切载荷施力方向与剪切面的夹角，(°)。

⑤ 继续剪切至测出稳定的剪切载荷值。试体剪断后，应继续施加剪切载荷，直至测出趋于稳定的剪切载荷值为止。

⑥ 剪切载荷退零并观测试体回弹情况。将剪切载荷缓慢退载至零，观测试体回弹情况，抗剪断试验即告结束。在剪切载荷退零过程中，仍应保持法向应力为常数。

⑦ 根据需要可继续进行抗剪（摩擦）试验。根据需要，在抗剪断试验结束以后，可保持法向应力不变，调整设备和测表，应按步骤②至⑥沿剪断面进行抗剪（摩擦）试验。剪切载荷可按抗剪断试验最后稳定值进行分级施加。

⑧ 根据需要可继续进行重复摩擦试验。抗剪试验结束后，根据需要，可在不同的法向载荷下进行重复摩擦试验，即单点摩擦试验。

（4）描述和记录试验过程中现象

在试验过程中，对加载设备和测表运行情况、试验中出现的响声、试体和岩体中出现松动或掉块以及裂缝开展等现象，作详细描述和记录。

（5）拆卸设备并描述剪切面

试验结束应及时拆卸设备。在清理试验场地后，翻转试体，应对剪切面进行描述。剪切面的描述应包括下列内容：

① 应量测剪切面面积。

② 判断主剪切面。当结构面中同时存在多个剪切面时，应准确判断主剪切面。

③ 应描述剪切面的破坏情况，擦痕的分布、方向及长度。

④ 应量测剪切面的起伏差，绘制沿剪切方向断面高度的变化曲线。

⑤ 对于结构面中的充填物，应记述其组成成分、风化程度、性质、厚度。根据需要，测定充填物的物理性质和黏土矿物成分。

12.5.3　对于充填物含泥的结构面的直剪试验

（1）最大法向应力应不使结构面中的夹泥挤出

剪切面上的最大法向应力，不宜小于预定的法向应力，但不应使结构面中的夹泥挤出。

（2）分 3~5 级施加法向载荷并测读法向位移及最后一级稳定法向位移

法向载荷可视法向应力的大小宜分 3~5 级施加。加载采用时间控制，应每 5min 施加一级载荷，加载后应立即测读每级载荷下的法向位移，5min 后再测读一次。在最后一级载荷作用下，要求法向位移值相对稳定。

（3）法向位移稳定标准为每 10min 或 15min 测读一次

法向位移稳定标准可视充填物的厚度和性质而定，按每 10min 或 15min 测读一次，连续两次每一测表读数之差不超过 0.05mm，可视为稳定，施加剪切载荷。

（4）按每 10min 或 15min 施加一级剪切载荷并测读各测表

剪切载荷的施加方法采用时间控制，可视充填物的厚度和性质而定，按每 10min 或 15min 施加一级。加载前后均测读各测表读数。

（5）其他

与对于无充填物的结构面或充填岩块、岩屑的结构面的直剪试验方法相同。

12.6　试验成果整理

（1）采用平推法

各法向载荷下的法向应力和剪应力应分别按下列公式计算

$$\sigma = \frac{P}{A} \tag{12.3}$$

$$\tau = \frac{Q}{A} \tag{12.4}$$

式中　σ——作用于剪切面上的法向应力，MPa；

　　　τ——作用于剪切面上的剪应力，MPa；

　　　P——作用于剪切面上的总法向载荷，N；

Q——作用于剪切面上的总剪切载荷，N；

A——剪切面面积，mm^2。

（2）采用斜推法

各法向载荷下的法向应力和剪应力应分别按下列公式计算

$$\sigma = \frac{P}{A} + \frac{Q}{A}\sin\alpha \qquad (12.5)$$

$$\tau = \frac{Q}{A}\cos\alpha \qquad (12.6)$$

式中　Q——作用于剪切面上的总斜向剪切载荷，N；

　　　α——斜向荷载施力方向与剪切面的夹角，（°）。

（3）绘制曲线

应绘制各法向应力下的剪应力与剪切位移及法向位移关系曲线。应根据关系曲线，确定各法向应力下的抗剪断峰值。

应绘制各法向应力及与其对应的抗剪断峰值关系曲线，应按库伦-奈维表达式确定相应的抗剪断强度参数（f，c）。应根据需要确定抗剪（摩擦）强度参数。

应根据需要，在剪应力与位移曲线上确定其他剪切阶段特征点，并应根据各特征点确定相应的抗剪强度参数。

（4）岩体结构面直剪试验记录

包括工程名称、试验段位置和编号及试体布置、试体编号、试验方法、试体和剪切面描述、混凝土强度、剪切面面积、千斤顶和压力表编号、测表布置和编号、各法向载荷下各级剪切载荷时的法向位移及剪切位移。

探索思考题

当剪切面水平或近水平时，下面四图为常见的直剪试验布置方案，试分析在这些直剪试验布置方案中，剪切面上的应力分布是否均匀？试验中应该注意什么？

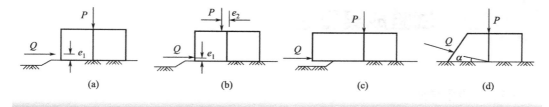

水压致裂法测试

水压致裂法是测试岩体应力的一种主要的测试方法，已被广泛应用于深部岩体应力测试中，并在 1987 年被国际岩石力学学会实验室和现场试验标准化委员会列为推荐方法。

工程案例

在隧洞的开挖过程中，高地应力可能会引起岩爆、塌方、大变形等地质灾害。某引水隧洞洞宽 4.6m，洞高 5.3m。隧洞长 18.5km，埋深接近 800m，围岩岩性为云母石英片岩，呈中厚层状，岩石较坚硬，围岩类别为Ⅲ类。由于高地应力的影响，有可能发生岩爆。

在地应力较高的主洞段，距施工支洞 150m 左右范围内布设一条垂直于已开挖主洞的试验洞，试验洞朝向山内开挖，在桩号 11＋220m 与 11＋240m 之间布置钻孔，隧洞地应力钻孔布置如图 13.1 所示，试验钻孔编号为 KYZK1、KYZK3 和 KYZK2、KYZK4，图 13.1 中 1♯、2♯、3♯、4♯为以钻孔 KYZK3 为例的不同深度的测点布置位置。

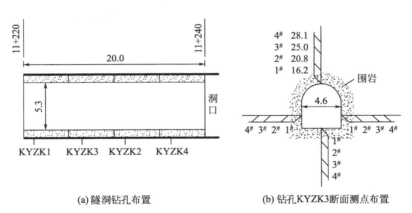

(a) 隧洞钻孔布置   (b) 钻孔 KYZK3 断面测点布置

图 13.1   隧洞高地应力钻孔及测点布置图（单位：m）

KYZK1～KYZK4 钻孔岩性以云母石英片岩为主，呈层理状，测量参数见表 13.1。

采用水压致裂法对该段隧洞进行地应力监测。通过压裂过程曲线的压力特征值计算地应力，通过印模器确定方向，测试结果如表 13.2。

三维水压致裂法地应力结果如表 13.3（可根据三个以上钻孔测试结果采用参考文献 [13] 的方法计算三维地应力）。

表 13.1　测量工作一览表

试验位置	钻孔编号	孔口高程 H/m	钻孔方向		测段数量水压 致裂法/段
			方位角/(°)	倾角/(°)	
施工支洞	KYZK1	2632	70	−5	4
	KYZK2	2632	174	−4	3
	KYZK3	2631	90	90	4
	KYZK4	2631	154	80	3

表 13.2　水压致裂法地应力测试结果

钻孔 编号	测点 编号	深度 H/m	截面大主应力 σ_H/MPa	截面小主应力 σ_h/MPa	压裂缝产状走向/ 倾向/倾角
KYZK1	1#	14.0	10.5	5.7	
	2#	18.3	10.3	6.0	N70°E/SE/18°
	3#	21.8	10.4	6.0	
	4#	26.0	10.7	6.1	N70°E/SE/12°
KYZK2	1#	15.0	10.3	5.3	N6°W/NE/44°
	2#	25.2	10.7	5.7	
	3#	28.3	11.3	6.2	N6°W/NE/38°
KYZK3	1#	16.2	11.6	6.1	
	2#	20.8	12.3	6.7	N8°W/NE/25°
	3#	25.0	12.9	6.9	
	4#	28.1	12.8	7.0	N8°W/NE/32°
KYZK4	1#	17.0	10.9	5.5	
	2#	25.2	11.2	6.1	N45°W/NE/24°
	3#	30.1	12.3	6.5	

表 13.3　三维水压致裂法地应力结果

地应力		数值
应力/MPa	σ_x	11.1
	σ_y	7.8
	σ_z	5.8
	τ_{xy}	1.5
	τ_{yz}	−0.6
	τ_{zx}	−1.4
最大水平主应力 σ_H/MPa		12.4
最小水平主应力 σ_h/MPa		6.5
最大水平主应力方位 α/(°)		N28°E
侧压系数 $\lambda = \sigma_H/\sigma_z$		2.1
第一主应力	σ_1/MPa	9.0
	倾角/(°)	33
	方位角/(°)	8
第二主应力	σ_2/MPa	8.7
	倾角/(°)	22
	方位角/(°)	113
第三主应力	σ_3/MPa	4.4
	倾角/(°)	49
	方位角/(°)	230

假设实测最大水平主应力 σ_H 方向与隧道轴线垂直。由工程资料和实际工况将隧洞围岩周边最大切向应力以圆形洞近似估算，由公式 $\sigma_\theta = 3\sigma_z - \sigma_H$ 计算最大切向应力 σ_θ。通过现场监测由单轴抗压强度仪测得单轴抗压强度 R_c 大小为 28.7MPa。

依据 Russenes 岩爆判别法，即洞室的最大切向应力 σ_θ 与岩石的单轴抗压强度 R_c 的比值。其判别关系如下：

$\sigma_\theta/R_c < 0.20$ 无岩爆

$0.20 \leqslant \sigma_\theta/R_c < 0.30$ 弱岩爆

$0.30 \leqslant \sigma_\theta/R_c < 0.55$ 中岩爆

$\sigma_\theta/R_c \geqslant 0.55$ 强岩爆

> ❓ 请根据 Russenes 岩爆判别法判断该引水隧洞围岩的岩爆等级。

📖 试验目的

测定岩体应力参数，为地下工程建设提供参数。

📖 试验方法

水压致裂法测试方法如下。

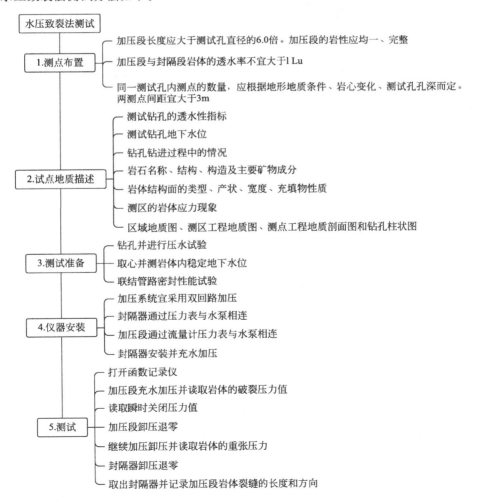

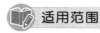 **适用范围**

完整和较完整岩体可采用水压致裂法测试。

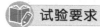 **试验要求**

利用高压水直接作用于钻孔孔壁，要求岩石渗透性等级为微透水或极微透水，要求岩体透水率不宜大于1Lu。

📖 **注意事项（试验要点）**

（1）钻孔柱状图应包括岩性、裂隙密度、岩心获得率、RQD及岩体渗透系数值。

（2）高压大流量水泵按岩体应力量级和岩性进行选择，一般采用最大压力为40MPa，流量不小于8L/min的水泵。当流量不够时，可以采用两台并联。

（3）水压致裂法可利用原有符合封隔器尺寸的钻孔（宜为金刚石钻孔）。在利用原有成孔时间较长的勘探钻孔时，应利用钻机进行扫孔清洗。

13.1 试验原理

水压致裂法测试是采用两个长约1m串接起来可膨胀的橡胶封隔器阻塞钻孔，形成一密闭的压裂段（长约1m），对压裂段加压直至孔壁岩石产生张拉破裂。根据实测压裂过程曲线即可确定压裂特征参数。典型的压裂过程及压裂特征参数确定方法如下（图13.2）。

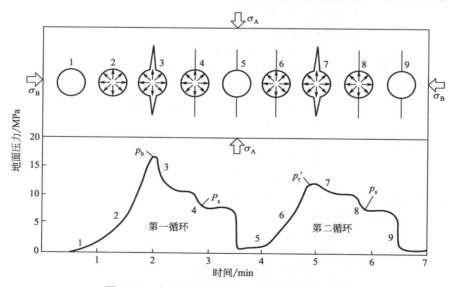

图13.2 水压致裂过程与工程岩体应力的关系

（1）利用两个串联的可膨胀橡胶封隔器（中间以花管和高压油管连接）加压座封于孔壁上，形成压裂段（即花管段）。

（2）向压裂段注水加压，使其孔壁承受着逐渐增强的液压作用。

（3）当泵压上升至某一临界值 p_b（称为破裂压力）时，由于岩石破裂导致泵压值急剧下降而流量值急剧上升。

（4）关闭压力泵，当泵压开始趋向稳定时，此段压裂过程曲线的拐点即为瞬时关闭压力 p_s。

（5）当泵压趋向稳定时，打开压力泵阀卸压，压裂段液压作用被解除后破裂缝完全闭合，泵压降为零。

（6）重张，连续多次（宜为 3～4 次）加压循环（此时压力与时间关系曲线上的最高点即为重张压力 p_r），以便取得合理的压裂参数以及正确地判断岩石破裂和裂缝延伸的过程。

13.2 测点布置

① 测点的加压段长度应大于测试孔直径的 6.0 倍。加压段的岩性应均一、完整。
② 加压段与封隔段岩体的透水率不宜大于 1Lu。
③ 应根据钻孔岩心柱状图或钻孔电视选择测点。同一测试孔内测点的数量，应根据地形地质条件、岩心变化、测试孔孔深而定。两测点间距宜大于 3m。

13.3 试点地质描述

① 测试钻孔的透水性指标。
② 测试钻孔地下水位。
③ 钻孔钻进过程中的情况。
④ 岩石名称、结构、构造及主要矿物成分。
⑤ 岩体结构面的类型、产状、宽度、充填物性质。
⑥ 测区的岩体应力现象。
⑦ 区域地质图、测区工程地质图、测点工程地质剖面图和钻孔柱状图。

13.4 仪器设备

① 钻机。
② 高压大流量水泵。
③ 联结管路。
④ 封隔器。
⑤ 压力表和压力传感器。
⑥ 流量表和流量传感器。
⑦ 函数记录仪。

⑧ 印模器或钻孔电视。

13.5　操作步骤

★【思考】试验的各个阶段，水压导致的张拉破裂处于什么状态（开启或闭合）？为什么岩石的重张压力小于岩石的破裂压力？

（1）测试准备

① 钻孔并进行压水试验。应根据测试要求，在选定部位按预定的方位角和倾角进行钻孔。测试孔孔径应满足封隔器要求，孔壁应光滑，孔深宜超过预定测试部位10m。测试孔应进行压水试验。

② 取心并测岩体内稳定地下水位。测试孔全孔取心，每一回次应进行冲孔，终孔时孔底沉淀不宜超过0.5m。应量测岩体内稳定地下水位。

③ 联结管路密封性能试验。对联结管路应进行密封性能试验，试验压力不应小于15MPa，或为预估破裂压力的1.5倍。

（2）仪器安装

① 加压系统宜采用双回路加压，分别向封隔器和加压段施加压力。

② 封隔器通过压力表与水泵相连。应按仪器使用要求，将两个封隔器按加压段要求的距离串接，并应用联结管路通过压力表与水泵相连。

③ 加压段应用联结管路通过流量计、压力表与水泵相连，在管路中接入压力传感器与流量传感器，并应接入函数记录仪。

④ 封隔器安装并充水加压。应将组装后的封隔器用安装器送入测试孔预定测点的加压段，对封隔器进行充水加压，使封隔器座封与测试孔孔壁紧密接触，形成充水加压孔段。施加的压力应小于预估的测试岩体破裂缝的重张压力。

（3）测试及稳定标准

① 打开函数记录仪，同时记录压力与时间关系曲线和流量与时间关系曲线。

② 应对加压段进行充水加压，按预估的压力稳定地升压，加压时间不宜少于1min，加压时观察关系曲线的变化。岩体的破裂压力值应在压力上升至曲线出现拐点、压力突然下降、流量急剧上升时读取。

③ 读取瞬时关闭压力值。瞬时关闭压力值应在关闭水泵、压力下降并趋于稳定时读取。

④ 加压段卸压退零。应打开水泵阀门进行卸压退零。

⑤ 继续加压卸压并读取岩体的重张压力。按第②～④条继续进行加压、卸压循环，此时的峰值压力即为岩体的重张压力。循环次数不宜少于3次。

⑥ 封隔器卸压退零。测试结束后，应将封隔器内压力退至零，在测试孔内移动封隔器，应按②～⑤进行下一测点的测试。测试应自孔底向孔口逐点进行。

⑦ 取出封隔器并记录加压段岩体裂缝的长度和方向。全孔测试结束后，应从测试孔中取出封隔器，用印模器或钻孔电视记录加压段岩体裂缝的长度和方向。裂缝的方向应为最大平面主应力的方向。

13.6 试验成果整理

（1）应根据压力与时间关系曲线和流量与时间关系曲线确定各循环特征点参数。

（2）岩体钻孔横截面上岩体平面最小主应力应分别按下列公式计算

$$S_h = p_s \tag{13.1}$$

$$S_H = 3S_h - p_b - p_0 + \sigma_t \tag{13.2}$$

$$S_H = 3p_s - p_r - p_0 \tag{13.3}$$

式中 S_h——钻孔横截面上岩体平面最小主应力，MPa；

   S_H——钻孔横截面上岩体平面最大主应力，MPa；

   σ_t——岩体抗拉强度，MPa；

   p_s——瞬时关闭压力，MPa；

   p_r——重张压力，MPa；

   p_b——破裂压力，MPa；

   p_0——岩体孔隙水压力，MPa。

（3）钻孔横截面上岩体平面最大主应力计算时，应视岩性和测试情况选择式（13.2）或式（13.3）之一进行计算（公式中的岩石抗拉强度 σ_t，目前采用现场和实验室两种方法测定）。

（4）应根据印模器或钻孔电视记录，绘制裂缝形状、长度图，并应据此确定岩体平面最大主应力方向。

（5）当压力传感器与测点有高程差时，岩体应力叠加静水压力。岩体孔隙水压力可采用岩体内稳定地下水位在测点处的静水压力。

（6）应绘制岩体应力与测试深度关系曲线。

（7）水力致裂法测试记录应包括工程名称、钻孔编号、钻孔位置、孔口高程、钻孔轴向方位角和倾角、测点编号、测点位置、测试方法、地质描述、压力与时间关系曲线、流量与时间关系曲线、最大主应力方向。

探索思考题

用印模器测出的水力致裂裂缝方向为什么与最大平面主应力的方向一致？

⑬
水压致裂法测试

岩体声波速度测试

　　某水电站发电洞的洞径为 8.5m，长为 700m，围岩主要为页岩、砂岩和页岩、砂岩互层体。在工程开挖过程中，在不同部位或不同岩体中引起的卸荷裂隙发育密度与深度可能不一，需要通过现场声波测试确定岩体的松动圈范围。在发电洞内分别选择在页岩层中布置了一个剖面。

　　剖面布置 7 个孔径 45mm、孔深 5m 的钻孔，其中顶拱 3 孔，左右边墙各 2 孔（见图 14.1）。钻孔一径到底，没有变径，钻孔顺直，孔斜偏差符合规范规程要求，孔壁完整、光滑，并用高压风和清水对钻孔进行了冲洗，孔内没有残渣。采用单孔声波法，单孔声波测试示意如图 14.2 所示，即采用一发双收换能器，用清水作耦合剂，沿孔深方向每 0.2m 布置一个测点，对整孔进行测试。

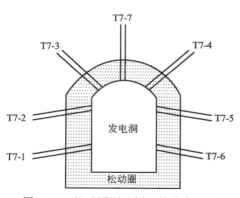

图 14.1　松动圈测试剖面钻孔布置图

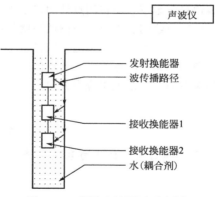

图 14.2　单孔声波测试示意图

　　将测得的波速值绘制成波速-孔深关系曲线，根据曲线中波速的变化可划分松动圈范围。图 14.3 中 0.5～1.2m 处波速急剧上升，而之后波速变化不大，可划分孔内松动圈厚度为1.2m。以 T7-6 孔为例，松动圈纵波波速范围为 3330～3600m/s，平均波速为 3470m/s；完整岩体纵波波速范围为 3600～4000m/s，平均波速为 3800m/s，松动圈厚度为 0.8m。

　　❓ 假设岩石的岩体纵波波速为 4760m/s，请根据式(14.11)，计算松动圈（图 14.4）的岩体完整性指数，并判断松动圈岩体完整程度。

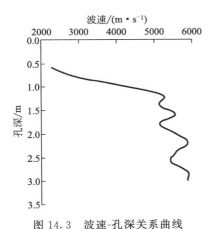

图 14.3　波速-孔深关系曲线

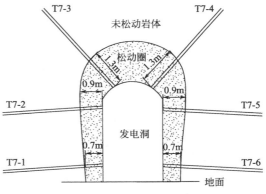

图 14.4　松动圈分布示意图

试验目的

　　测定声波在岩体中的传播速度及岩体的动弹性参数，计算岩体完整性指数。利用以上各种指标可以评价岩体的力学性质、岩体质量、风化程度及其各向异性特征。此外，还可以以波速指标进行岩体风化分带、岩体分类和确定地下洞室围岩松弛带等。

试验方法

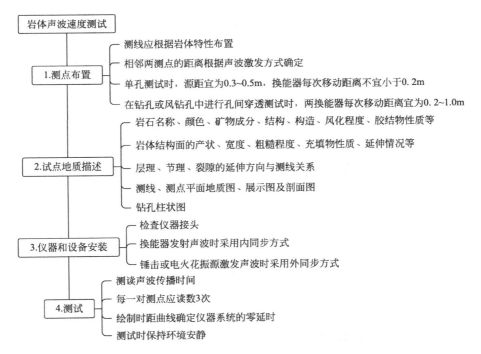

适用范围

　　各类岩体均可采用岩体声波速度测试。

📖 试验要求

（1）相邻两测点的距离，宜根据声波激发方式确定：当采用换能器发射声波时，测距宜为 1～3m；当采用锤击法激发声波时，测距不应小于 3m；当采用电火花激发声波时，测距宜为 10～30m。

（2）单孔测试时，源距宜为 0.3～0.5m，换能器每次移动距离不宜小于 0.2m。

（3）在钻孔或风钻孔中进行孔间穿透测试时，两换能器每次移动距离宜为 0.2～1.0m。

📖 注意事项（试验要点）

（1）为方便对声波测试结果与静力法测试结果进行对比，应将声波测点布置在与静力法测点相同的岩体上，并使声波测试方向与静载荷施力方向相同。

（2）岩体声波测试可采用喇叭形换能器和圆管形换能器，分别用于表面测试和钻孔中测试。

（3）在岩体表面进行纵波测试时，宜在布置换能器的位置切割一条垂直表面的深槽，并修凿平整，将收、发换能器相对置于深槽的侧面。

（4）收、发换能器间的距离较大或岩体较破碎时，表面测试宜采用锤击作震源，孔间测试宜采用电火花作震源。

（5）当采用孔间穿透测试时，必须校核钻孔的平行度，对不平行的钻孔，必须进行不同深度测点距离的校正。用水耦合时，对向上倾的孔和漏水严重的孔，应采取有效的止水措施。

（6）在测试过程中，横波可按下列方法判定：

① 在岩体介质中，横波与纵波传播时间之比约为 1.7。

② 接收到的纵波频率大于横波频率。

③ 横波的振幅比纵波的振幅大。

④ 采用锤击法时，改变锤击的方向或采用换能器时，改变发射电压的极性，此时接收到的纵波相位不变，横波的相位改变 180°。

⑤ 反复调整仪器放大器的增益和衰减档，在荧光屏上可见到较为清晰的横波，然后加大增益，可较准确测出横波初至时间。

⑥ 利用专用横波换能器测定横波。

14.1 试验原理

岩体声波测试是利用电脉冲、电火花、锤击等方式在岩体中激发产生声波，测试声波在岩体中的传播时间，根据收、发换能器间的距离和传播时间计算声波在岩体中的传播速度及岩体的动弹性参数。这一速度为收、发换能器间岩体的平均传播速度。

14.2 测点布置

（1）测点可选择在洞室、钻孔、风钻孔或地表露头。

（2）测线根据岩体特性布置：当测点岩性为各向同性时，测线应按直线布置；当测点岩性为各向异性时，测线应分别按平行或垂直岩体的主要结构面布置。

（3）相邻两测点的距离，宜根据声波激发方式确定：当采用换能器发射声波时，测距宜为1～3m；当采用锤击法激发声波时，测距不应小于3m；当采用电火花激发声波时，测距宜为10～30m。

（4）单孔测试时，源距宜为0.3～0.5m，换能器每次移动距离不宜小于0.2m。

（5）在钻孔或风钻孔中进行孔间穿透测试时，两换能器每次移动距离宜为0.2～1.0m。

14.3　试点地质描述

① 岩石名称、颜色、矿物成分、结构、构造、风化程度、胶结物性质等。
② 岩体结构面的产状、宽度、粗糙程度、充填物性质、延伸情况等。
③ 层理、节理、裂隙的延伸方向与测线关系。
④ 测线、测点平面地质图、展示图及剖面图。
⑤ 钻孔柱状图。

14.4　仪器设备

① 岩体声波参数测定仪。
② 孔中发射、接收换能器。
③ 一发双收单孔测试换能器。
④ 弯曲式接收换能器。
⑤ 夹心式发射换能器。
⑥ 干孔测试设备。
⑦ 声波激发锤。
⑧ 电火花振源。
⑨ 仰孔注水设备。
⑩ 测孔换能器扶位器。

14.5　操作步骤

★【思考】试验中，应如何选择声波发射装置？

（1）仪器和设备安装

① 检查仪器接头。应检查仪器接头性状、仪器接线情况及开机后仪器和换能器的工作状态。在洞室中进行测试时，应注意仪器防潮。

② 采用换能器发射声波时，应将仪器置于内同步工作方式。

③ 采用锤击或电火花振源激发声波时，应将仪器置于外同步方式。

（2）测试步骤

① 测读声波传播时间。可将荧光屏上的光标（游标）关门讯号调整到纵波或横波初至位置，应测读声波传播时间，或利用自动关门装置测读声波传播时间。

② 每一对测点应读数 3 次，最大读数之差不宜大于 3%。

③ 测试结束，应采用绘制岩体的，或者水的、空气的时距曲线方法，确定仪器系统的零延时。采用发射换能器发射声波时，也可采用有机玻璃棒或换能器对接方式确定仪器系统的零延时。

④ 测试时，应保持测试环境处于安静状态，应避免钻探、爆破、车辆等干扰。

14.6　试验成果整理

（1）岩石纵波速度、横波速度

应分别按下列公式计算

$$v_p = \frac{L}{t_p - t_0} \tag{14.1}$$

$$v_s = \frac{L}{t_s - t_0} \tag{14.2}$$

$$v_p = \frac{L_2 - L_1}{t_{p2} - t_{p1}} \tag{14.3}$$

$$v_s = \frac{L_2 - L_1}{t_{s2} - t_{s1}} \tag{14.4}$$

式中　v_p——纵波速度，m/s；

v_s——横波速度，m/s；

L——发射、接收换能器中心间的距离，m；

t_p——直透法纵波的传播时间，s；

t_s——直透法横波的传播时间，s；

t_0——仪器系统的零延时，s；

$L_1(L_2)$——平透法发射换能器至第一（二）个接收换能器两中心的距离，m；

$t_{p1}(t_{s1})$——平透法发射换能器至第一个接收换能器纵（横）波的传播时间，s；

$t_{p2}(t_{s2})$——平透法发射换能器至第二个接收换能器纵（横）波的传播时间，s。

（2）岩石各种动弹性参数

分别按下列公式计算

$$E_d = \rho v_p^2 \frac{(1+\mu)(1-2\mu)}{1-\mu} \times 10^{-3} \tag{14.5}$$

$$E_d = 2\rho v_p^2 (1+\mu) \times 10^{-3} \tag{14.6}$$

$$\mu_d = \frac{\left(\dfrac{v_p}{v_s}\right)^2 - 2}{2\left[\left(\dfrac{v_p}{v_s}\right)^2 - 1\right]} \tag{14.7}$$

$$G_d = \rho v_s^2 \times 10^{-3} \tag{14.8}$$

$$\lambda_d = \rho(v_p^2 - 2v_s^2) \times 10^{-3} \tag{14.9}$$

$$K_d = \rho \frac{3v_p^2 - 4v_s^2}{3} \times 10^{-3} \tag{14.10}$$

式中　E_d——岩石动弹性模量，MPa；

　　　μ_d——岩石动泊松比；

　　　G_d——岩石动刚性模量或动剪切模量，MPa；

　　　λ_d——岩石动拉梅系数，MPa；

　　　K_d——岩石动体积模量，MPa；

　　　ρ——岩石密度，g/cm³。

计算值取三位有效数字。

（3）绘制沿测线或孔深与波速关系曲线

必要时，可列入动弹性参数关系曲线。

（4）岩体完整性指数

应按下式计算

$$K_v = \left(\frac{v_{pm}}{v_{pr}}\right)^2 \tag{14.11}$$

式中　K_v——岩体完整性指数，精确至 0.01；

　　　v_{pm}——岩体纵波速度，m/s；

　　　v_{pr}——岩块纵波速度，m/s。

（5）岩体声波速度测试记录

应包括工程名称、测点编号、测点位置、测试方法、测点描述、测点布置、测点间距、传播时间、仪器系统零延时。

探索思考题

影响岩石声波速度的因素有哪些？

附录A

室内岩样制备方法

　　室内标准岩样制作包括钻孔取样、岩石切割和端面磨平三道工序。由于不同型号的仪器操作方法略有不同，本书仅以编者所在实验室的仪器为例对以上三道工序的仪器操作方法进行讲解。

A.1　岩石钻孔取样机操作方法

A.1.1　试验原理

　　岩石钻孔取样机由载物台、钻头旋转系统、钻头钻进系统和转头冷却系统组成。试验中，旋转电机带动钻头高速旋转切割岩石、钻进系统推动钻头向下钻进或向上提起钻头、冷却系统通过流水冷却钻头切割岩石所产生的高温。

A.1.2　仪器设备

　　岩石钻孔取样机如图 A.1 所示。控制面板如图 A.2 所示。

A.1.3　操作步骤

　　★【注意】使用前，请确保仪器电源为关闭状态！

　　（1）将岩石样品（厚度大于 10cm，最窄处大于 5cm 的完整岩石样品）放置在载物台中心，扭紧样品夹螺丝，牢牢固定岩石样品；将固定盖板盖在样品上，并扭紧螺丝固定。

　　（2）分布旋转载物台两侧调节把手，使样品居于钻头下方合适位置，安装侧面挡水围板和挡水盖板。

图 A.1　岩石钻孔取样机构造

1—进水龙头；2—载物台；3—载物台调节把手；4—样品固定夹；5—固定盖板；6—挡水围板；
7—钻头；8—控制面板；9—防过钻挡片；10—防过钻触头

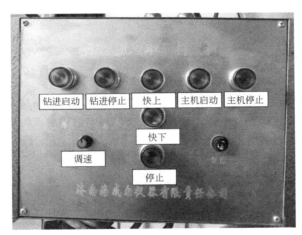

图 A.2　岩石钻孔取样机控制面板

（3）打开仪器电源，按"快下"按钮，密切观察钻头与岩石样品表面距离，当钻头接近岩石样品表面时，立即按其下方的"停止"按钮。

★【注意】①按下"快下"按钮时，时刻观察钻头与岩石样品表面距离，切勿使钻头与岩石样品接触，否则会损坏仪器！②打开仪器电源后，不要触碰仪器除控制面板外的任何地方（特别是挡水围板），以防触电！

（4）打开进水龙头开关，盖上挡水盖板，打开"主机启动"按钮，打开"钻进启动"按钮，同时调节"调速"旋钮，在钻头接触岩石样品后保持慢速钻进，当钻进声音沉闷时，应迅速调慢钻进速度，以避免卡钻。同时密切观察防过钻探头与防过钻挡片之间的距离。

★【注意】①在主机启动前，应先开水龙头，否则会损坏钻头（钻头进水系统为钻头冷却系统，当钻头钻进时会产生摩擦高温，必须进水冷却）。②钻头接触岩石样品后保持慢速钻进，以保证钻进速度小于钻头最大可切割岩石的速度，否则会导致卡钻，损毁仪器。

（5）当防过钻探头接近挡片时，调慢钻进速度；当防过钻探头接触防过钻挡片时，按"主机停止"按钮关闭主机、按"钻进停止"按钮关闭钻进系统；按"快上"按钮上升钻头，当钻头离开岩石样品表面一定距离后按"停止"按钮停止快上。

★【注意】应待防过钻探头接触到防过钻挡片后，或防过钻探头接触到防过钻挡片且自动上升时，再按"主机停止"键，以防钻头未钻穿岩石样品。

（6）关闭进水龙头，关闭仪器电源，打开挡水盖板，取出钻好的岩柱和剩余岩石样品，清理干净仪器。

★【注意】必须关闭进水龙头和电源后，才能打开挡水盖板取出岩柱，否则容易触电！

A.2　岩石切割机操作方法

A.2.1　试验原理

岩石切割机由载物台、刀盘旋转系统、刀盘工进系统和刀盘冷却系统组成。试验中，旋转电机带动刀盘高速旋转切割岩石、工进系统推动刀盘向前切割或向后退出刀盘、冷却系统通过流水冷却刀盘切割岩石所产生的高温。

A.2.2　仪器设备

岩石切割机如图 A.3、图 A.4 所示，控制面板如图 A.5 所示。

A.2.3　操作步骤

★【注意】使用前，请确保仪器电源为关闭状态！

（1）将已经钻取好的岩柱（直径 5cm，长度大于 10cm）放置在载物台，调整岩柱的位置，使两个刀盘能切割到岩柱的两端；扭紧固定杆螺母，使固定杆牢牢固定岩柱。

★【注意】岩柱两端应完全超过刀盘切割面，以保证切割出的标准岩样两端无缺陷。

（2）打开仪器电源，按"工进"按钮，调节"转速"旋钮，密切观察刀盘与岩柱的距离，当刀盘接近岩柱时，立即按其右侧对应的"停止"按钮。

图 A.3　岩石切割机构造图（一）

1—进水龙头；2—控制面板；3—玻璃门

图 A.4　岩石切割机构造图（二）

1—载物台；2—固定杆；3—立柱；4—固定螺母；5—刀盘；6—工进系统

图 A.5　岩石切割机控制面板

★【注意】①按下"工进"按钮后，密切观察刀盘与岩柱的距离，切勿使刀盘与岩柱接触，否则损坏仪器！②打开仪器电源后，不要触碰仪器除控制面板外的任何地方，以防触电！③"转速"旋钮可调节工进的快慢，当刀盘靠近岩柱时，应调慢工进速度。

（3）打开进水龙头开关，关闭玻璃门，按下"主机"按钮和"工进"按钮，同时调节"转速"旋钮，在刀盘接触岩柱后保持慢速工进，当切割声音沉闷时，应迅速调慢工进速度，以避免卡刀盘。同时密切观察刀盘的位置。

★【注意】①在主机启动前，应先开水龙头，否则会损坏刀盘（进水系统为刀盘的冷却系统，当刀盘切割时会产生摩擦高温，必须进水冷却）。②刀盘接触岩柱后应保持慢速切割，以保证工进速度小于刀盘切割岩石的速度，否则会导致卡刀盘，损毁仪器。

（4）当刀盘最低处完全切过岩柱时，按"工进"按钮右侧的"停止"按钮关闭工进系统、按"主机"按钮右侧的"停止"按钮关闭主机、按"工退"按钮向左退出刀盘，当钻头离开岩柱一定距离后按"工退"按钮右侧的"停止"按钮停止工退。

★【注意】①要保证刀盘最低处完全切过整个岩柱，以保证岩柱被完全割断。②在按下"工进"或"工退"按钮后，应在完成任务后立即停下来，切勿超出工进工退行程，以免损坏仪器。

（5）关闭进水龙头，关闭仪器电源，打开玻璃门，取出钻切割好的标准岩样，清理干净仪器。

★【注意】必须先关闭水龙头和电源后，才能打开玻璃门，取出岩柱，否则容易触电！

A.3 岩石磨平机操作方法

A.3.1 试验原理

岩石磨平机由载物台、磨刀旋转系统、进退刀系统和磨刀冷却系统组成。试验中，旋转电机带动磨刀高速旋转磨平岩石、进退刀系统推动载物台向前或向后移动样品、冷却系统通过流水冷却磨刀摩擦岩石所产生的高温。

A.3.2 仪器设备

岩石磨平机见图 A.6，控制面板见图 A.7。

A.3.3 操作步骤

★【注意】使用前，请确保仪器电源为关闭状态！

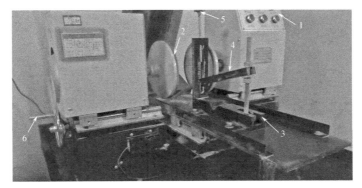

图 A.6　岩石磨平机构造

1—控制面板；2—磨刀；3—载物台；4—固定杆；5—固定螺母；6—旋转手柄

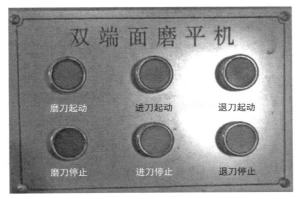

图 A.7　岩石磨平机控制面板

（1）将切割好的岩柱（直径 5cm，长度大于 10cm）放置在载物台，调整岩柱的位置，岩柱垂直于磨刀；扭紧固定杆螺母，使固定杆牢牢固定岩柱。

（2）打开仪器电源，按"进刀启动"或"退刀启动"按钮，使磨刀靠近岩柱，密切观察磨刀与岩柱的距离，当刀盘接近岩柱时，立即按对应的"进刀停止"或"退刀停止"按钮。

★【注意】①按下"工进"按钮后，密切观察刀盘与岩柱的距离，切勿使刀盘与岩柱接触，否则损坏仪器！②打开仪器电源后，不要触碰仪器除控制面板外的任何地方，以防触电！

（3）调节左右旋转手柄，使磨刀移动到需要磨平的位置。

（4）打开进水龙头开关，按下"磨刀起动"按钮，然后按下"进刀启动"或"退刀启动"按钮（根据岩柱与磨刀相对位置），使样品移向磨刀，开始磨平岩柱端面。

★【注意】①在主机启动前，应先开水龙头，否则会损坏磨刀（进水系统为磨刀的冷却系统，当磨刀磨岩柱时产生高温，须进水冷却）。

（5）当磨刀最低处完全磨过岩柱时，按对应的"进刀停止"或"退刀停止"按钮，停止载物台移动。然后按"磨刀停止"按钮，使磨刀停止转动。

（6）关闭进水龙头，关闭仪器电源，松开固定螺母，取出已磨平的标准岩样，清理干净仪器。

★【注意】必须先关闭水龙头和电源后，松开固定螺母，取出岩柱，否则容易触电！

附录B

岩样测量方法

岩样测量主要包括试件两端面不平行度、试件高度、试件直径、端面垂直度四类测量。

（1）两端面不平行度测量

检测方法如图 B.1、图 B.2，将百分表固定于百分表架上，放置试件于百分表触头下方试验台上，在试验台上缓慢前后、左右平移试件，观察百分表指针的摆动幅度小于 0.05mm（5 格），则判定合格。对于不合格试件，使用锉刀打磨，直至符合要求。

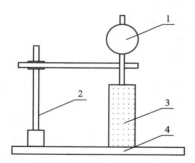

图 B.1　试件两端面不平行度测量示意图
1—百分表；2—百分表架；3—试件；4—实验台

图 B.2　试件两端面不平行度测量

（2）试件高度测量

将试件断面分为相互垂直的 4 个方位（图 B.3），采用游标卡尺分别测量不同方位的试件尺寸（图 B.4），共测 4 次，取其平均值为试件高度。

（3）试件直径测量

取岩石试件上、中、下三断面位置测量（图 B.5），采用游标卡尺分别测量（图 B.6）垂直于中轴线且互成 90°方位的试件直径，共测 6 次，取其平均值为试件直径。

（4）端面垂直度测量

检测方法如图 B.7 所示，将试件放在水平检测台上，用直角尺紧贴试件垂直边，转动试样使两者之间无明显缝隙。对于不合格试件，使用锉刀打磨，直至符合要求。

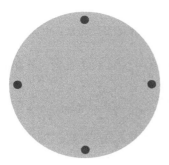

图 B.3　试件测量方位

图 B.4　试件高度测量

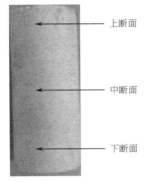

上断面

中断面

下断面

图 B.5　试件测量断面位置示意图

图 B.6　试件高度测量

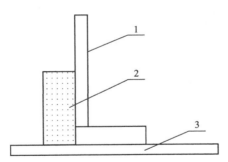

图 B.7　端面垂直度测量示意图

1—直角尺；2—试件；3—实验台

参考文献

[1] 中国电力企业联合会.工程岩体试验方法标准：GB/T 50266—2013 [S].北京：中国计划出版社，2013.

[2] 中华人民共和国水利部.水利水电工程岩石试验规程：SL/T 264—2020 [S].北京：中国水利水电出版社，2020.

[3] 中华人民共和国交通部.公路工程岩石试验规程：JTG E 41—2005 [S].北京：人民交通出版社，2005.

[4] 刘佑荣，吴立，贾洪彪.岩体力学试验指导书 [M].北京：中国地质大学出版社，2008.

[5] 付志亮.岩石力学试验教程 [M].北京：化学工业出版社，2011.

[6] 冯泽涛，许强等.初始含水率对饱水泥质粉砂岩性质的影响 [J].人民长江，2019，50（8）：178-183.

[7] 陈镜丞.湿热作用下粉砂质泥岩的渗流、力学特性及裂隙演化规律研究 [D].长沙：长沙理工大学，2019.

[8] 李萍，王首智.S210 省道两河口危岩体形成机制及稳定性评价 [J].路基工程，2019（5）：219-223.

[9] 鲁舟，王明军.点荷载试验在防波堤护面石质量控制中的应用 [J].国防交通工程与技术，2020，18（03）：9-12.

[10] 阳生权，阳军生.岩体力学 [M].北京：机械工业出版社，2008.

[11] 许波涛，王煜霞.动测法确定岩体动力参数的对比试验研究 [J].岩石力学与工程学报，2004，23（2）：284-288.

[12] 黄茜，胡胜波，王红贤.刚性承压板法岩体变形试验获取软岩岩体变形参数的工程实例分析 [J].勘察科学技术，2017（增刊）：193-198.

[13] 刘允芳.水压致裂法三维地应力测量 [J].岩石力学与工程学报，1991，10（3）：246-256.

[14] 李唱唱，侍克斌，姜海波.深埋高地应力引水隧洞节理围岩稳定性研究 [J].水资源与水工程学报，2020，31（2）：219-224.

[15] 周黎明，肖国强，尹健民.巴昆水电站发电洞开挖松动区岩体弹性模量测试与研究 [J].岩石力学与工程学报，2006，25（增2）：3971-3975.

[16] 《工程地质手册》编委会.工程地质手册 [M].4 版.北京：中国建筑工业出版社，2007.

[17] 中华人民共和国住房和城乡建设部.建筑边坡工程技术规范：GB 50330—2013 [S].北京：中国建筑工业出版社，2013.

[18] 国土资源部.岩石物理力学性质试验规程 第 26 部分：岩体变形试验（承压板法）：DZ/T 0276.26—2015 [S].北京：中国标准出版社，2015.